Impact des réseaux sociaux issus des NTIC sur la mobilité et la ville

Emira Haniche

Impact des réseaux sociaux issus des NTIC sur la mobilité et la ville

Appuyé d'une enquête réalisée auprès des étudiants de l'ENSAPV en décembre 2010

Éditions universitaires européennes

Impressum / Mentions légales
Bibliografische Information der Deutschen Nationalbibliothek: Die Deutsche Nationalbibliothek verzeichnet diese Publikation in der Deutschen Nationalbibliografie; detaillierte bibliografische Daten sind im Internet über http://dnb.d-nb.de abrufbar.
Alle in diesem Buch genannten Marken und Produktnamen unterliegen warenzeichen-, marken- oder patentrechtlichem Schutz bzw. sind Warenzeichen oder eingetragene Warenzeichen der jeweiligen Inhaber. Die Wiedergabe von Marken, Produktnamen, Gebrauchsnamen, Handelsnamen, Warenbezeichnungen u.s.w. in diesem Werk berechtigt auch ohne besondere Kennzeichnung nicht zu der Annahme, dass solche Namen im Sinne der Warenzeichen- und Markenschutzgesetzgebung als frei zu betrachten wären und daher von jedermann benutzt werden dürften.

Information bibliographique publiée par la Deutsche Nationalbibliothek: La Deutsche Nationalbibliothek inscrit cette publication à la Deutsche Nationalbibliografie; des données bibliographiques détaillées sont disponibles sur internet à l'adresse http://dnb.d-nb.de.
Toutes marques et noms de produits mentionnés dans ce livre demeurent sous la protection des marques, des marques déposées et des brevets, et sont des marques ou des marques déposées de leurs détenteurs respectifs. L'utilisation des marques, noms de produits, noms communs, noms commerciaux, descriptions de produits, etc, même sans qu'ils soient mentionnés de façon particulière dans ce livre ne signifie en aucune façon que ces noms peuvent être utilisés sans restriction à l'égard de la législation pour la protection des marques et des marques déposées et pourraient donc être utilisés par quiconque.

Coverbild / Photo de couverture: www.ingimage.com

Verlag / Editeur:
Éditions universitaires européennes
ist ein Imprint der / est une marque déposée de
OmniScriptum GmbH & Co. KG
Heinrich-Böcking-Str. 6-8, 66121 Saarbrücken, Deutschland / Allemagne
Email: info@editions-ue.com

Herstellung: siehe letzte Seite /
Impression: voir la dernière page
ISBN: 978-3-8416-7154-7

Table des matières

Introduction :

Aujourd'hui on retrouve les technologies de l'information et de la communication (TIC) partout, ils deviennent un membre à part entière dans notre mode de vie au quotidien. Car ils se diffusent sur un vaste territoire et n'ont pas de contraintes géographiques, ainsi ils occupent une place importante dans la vie des jeunes étudiants, qui s'adaptent facilement aux nouvelles technologies et passent énormément de temps devant leurs appareils de télécommunication et sur le cyberespace.

Si on devait comparer notre génération appelé ¨Net génération¨[1] à celles de nos parents par exemple on constate qu'il y a une énorme évolution. Aujourd'hui avoir son propre ordinateur pour un étudiant en architecture n'est plus un luxe mais c'est nécessaire, allant même dire que c'est vital. Les étudiants sont de plus en plus autonomes et avoir leurs propres outils de communication leurs est indispensable. Lors de certains tests psychologiques sur certaines pages de communautés virtuelles à la question, ¨Qu'est ce que vous emportez absolument avec vous en sortant de la maison ?¨ la majorité cite : le téléphone portable, les clefs, cartes bancaires et titres de transport. On ne conçoit plus sortir sans son téléphone, car utiliser le téléphone portable ou ¨surfer sur le web ¨ est devenu, une nécessité telle que de savoir lire et écrire.

On constate que les nouvelles technologies de l'information et de la communication ont une forte influence sur le lien social, le mode de vie, le déplacement de l'individu et que leur impact couvre la planète entière. De ces nouvelles technologies sont apparues de nouvelles formes de communautés virtuelles et de réseaux sociaux encore plus fort que le model traditionnel. Cette dernière décennie a vu l'explosion de ces nouveaux réseaux réunissant des centaines de

---

[1] Colloque Mobilités urbaines et réseaux sociaux, conférence de J-P Simonnet : Les réseaux sociaux, de quoi parle-t-on ?, 10/2010, p2

millions de personnes sur la toile, des nouvelles pratiques de l'espace réel apparaissent soutenues par une masse de communauté issus de l'espace virtuel.

L'objet de cet ouvrage sera d'étudier les changements qu'apportent donc ces nouveaux réseaux sociaux issus des NTIC en termes de mobilité et de rapport à l'espace. La mobilité des individus augmente conséquemment grâce aux NTIC en leurs facilitant les déplacements, on retrouve même cette notion de mobilité dans les publicités des téléphones portables et des nouvelles applications sociales en s'appuyant sur la connexion 3G. Ces NTIC sont ¨mobiles ¨, parce qu'ils sont transportables. Surmontant ainsi la limite du temps et de la distance, permettant à l'individu une communication en continue. Et déplaçant ainsi nombres de services du quotidien dans le cyberespace, en agissant ainsi sur sa mobilité.

Avec ces NTIC les nouvelles formes de communautés et réseaux sociaux sont devenus plus puissants. Les nouvelles applications qu'ils offrent sur leurs espaces virtuels entre partage d'information, de loisirs et de communication augmentent leurs popularités auprès des individus. Le déplacement dans l'espace physique est perçu d'une autre manière. Si on part de l'idée que l'individu tout en se déplaçant se met en relation et communique continuellement créant son propre réseau, on pourrait découvrir comment ce réseau influencerait-il sa mobilité, ou l'inverse on comprendrait comment la mobilité agirait-elle sur son réseau.

Nous essaierons donc de répondre à la problématique : Par quelles mesures les réseaux sociaux issus des nouvelles technologies de l'information et de la communication influencent- ils la mobilité des étudiants, et leurs rapport à l'espace, à la ville ?

Afin de comprendre comment ces réseaux sociaux agissent, on devra d'abord se poser des questions concernant les NTIC dont ils sont issus. On se posera donc les questions suivantes:

- Quel est le lien entre les NTIC et la mobilité et quelles sont ces influences sur le mode de déplacement et sur la pratique de diverses activités quotidiennes des individus ?

Le cyberespace offre la possibilité de ne pas bouger pour accomplir des tâches, et de réaliser des activités difficiles à effectuer dans l'espace physique à cause de la contrainte du temps et de la distance. Les réseaux sociaux quant à eux permettent de communiquer, de créer ou de renforcer des liens avec autrui sans bouger. Ce qui est appréciable par la majorité des personnes surtout qu'on habite de plus en plus loin des siens. Mais ça ne nous empêche pas de nous déplacer pour aller les voir.

- Les réseaux sociaux supprimeraient- ils le déplacement dans l'espace physique ? Cloisonneraient-ils les individus dans une sphère virtuelle ? Ou au contraire avec les nouvelles applications dont ils sont dotés arrivent-ils à créer de nouvelles formes de mobilités ?

- Et quel serait l'impact généré de la mobilité issue des réseaux sociaux sur l'espace physique ?

Afin de pouvoir comprendre le lien direct ou indirect entre la mobilité et les réseaux sociaux, l'impact des réseaux sociaux sur la mobilité des individus et la pratique de l'espace. On s'appuiera sur une enquête menée auprès de 100 étudiants d'architecture de Paris La Villette (ENSAPV) tous niveaux confondus.

La première partie sera divisée en deux chapitres car on considère que pour expliquer le phénomène des réseaux sociaux, on devra d'abord apporter plus d'éclairage sur les NTIC. Ainsi on s'intéressera au 1er chapitre à l'histoire du développement des NTIC qui envahissent notre société, puis la part qu'ils ont dans notre vie quotidienne, en examinant les services qu'ils offrent et leurs diffusions. Au 2ème chapitre ; on s'intéressera aux réseaux sociaux leurs définitions et leurs évolutions en donnant des exemples des différents réseaux existants actuellement et on terminera par donner l'information sur leurs utilisateurs.

En deuxième partie, il s'agira d'une enquête réalisée auprès d'un échantillon de 100 étudiants de l'ENSAPLV, de la première à la cinquième année, pour mieux comprendre l'impact des NTIC et ses réseaux dans la vie quotidienne d'un étudiant.

Les résultats de l'enquête seront traités et analysés en utilisant des graphes pour représenter les données numériques. Suivant six points important. La dépendance aux NTIC, la dépendance aux Réseaux Sociaux, les dépenses et modes de déplacements, la sociabilité dans le cyberespace, les manifestations publiques issues des réseaux sociaux et l'influence de ces dernières sur le déplacement et la pratique de l'espace. C'est ce qui représentera la majeure partie du travail.

Enfin, en dernière partie, il s'agira de la mobilité, la notion d'espace et surtout de répondre à la problématique en se basant sur les recherches des parties précédentes et l'analyse du résultat du questionnaire.

1ère Partie: L'histoire du développement des nouvelles technologies de la communication et de l'information et ses divers usages actuels

Chapitre 1: l'histoire du développement des NTIC

1- *L'histoire du développement des NTIC :*

Après l'invention de l'écriture puis l'avènement de l'imprimerie, les premiers pas vers une société de l'information ont été marqués par le télégraphe électrique, puis le téléphone et la radiotéléphonie, alors que dans les années 1970 sont apparus de nouveaux mode de télécommunications comme la télécopie ou encore le minitel. La dernière décennie du XXème siècle a été marquée par l'arrivée des technologies numériques de transmission, qui ont multiplié les possibilités de communication en s'appuyant sur le développement de l'électronique.

Aujourd'hui, les fibres optiques présentent des capacités considérables de transport de l'information, tandis que de nouvelles applications sont apparues : téléphonie cellulaire, télévision par satellite, réseaux tels qu'Internet, etc. La télévision, l'Internet, la télécommunication mobile et le GPS ont associé l'image au texte et à la parole "sans fil", l'internet et la télévision deviennent accessibles sur le téléphone portable qui est aussi appareil photo.

Toutes ces techniques utilisées dans le traitement et la transmission des informations, principalement de l'informatique, de l'internet et des télécommunications, sont regroupées sous les notions de technologies de l'information et de la communication (TIC) et de nouvelles technologies de l'information et de la communication (NTIC) (Les sigles anglais correspondant sont IT, pour « Information Technology » et NICT, pour « New Information and Communication Technology» ou encore ICT pour« Information Communication Technology »).

Cependant Jacques GUYAZ trouve que l'expression de nouvelles technologies de l'information repose sur un malentendu[2] , car cela sous entendrait qu'il y a succession d'un état à un autre avec une rupture entre l'ancien et le nouveau alors que

---

[2] J .GUYAZ, page 315 dans NTIC et nouvelles pratiques administratives : »Nouvelles » vraiment ?
Chapitre21 de NTIC et territoire édité sous la direction de Luc Vodoz.

l'histoire indique la continuité dans l'utilisation de l'information. GUYAZ prend l'exemple du Sumérien qui a gravé pour la première fois une tablette avec le décompte d'un troupeau de mouton -pour lui- il a bel est bien inventé "une nouvelle technologie de l'information"[3], à son niveau et selon les moyens qu'il détenait à son époque.

Afin de mieux comprendre cette insertion des NTIC dans la vie actuelle, on examinera brièvement l'histoire du développement des NTIC, surtout celle de l'ordinateur et d'Internet, qui sont les éléments essentiels pour l'organisation de l'espace virtuel.

Les êtres humains ont toujours communiqué entre eux, c'est l'amélioration des possibilités de transmissions de l'information et la capacité de la reproduire et de la diffuser qui ont continuellement changé devenant ainsi l'un des principaux moteurs de progrès de la civilisation.

L'invention d'Internet a été récente par rapport à l'évolution humaine, la révolution industrielle du XIXème siècle avait connu un nombre d'inventions qui ont changé le mode de vie des êtres humains. Le télégraphe a été inventé en 1838 par Morse, le téléphone en 1876 par Bell, le 27 janvier 1926 on voyait la naissance officielle de la télévision (en France la 1ère émission officielle passe le 26 avril 1935). Ces technologies évoluent à une vitesse impressionnante dans les années cinquante, la télécommunication analogique avec fil, câble et micro-onde est inventée. Début des années soixante, le premier satellite de communication est mis en orbite, la télécommunication analogique cède peu à peu sa place à la télécommunication digitale.

Ainsi l'histoire d'Internet commence en plein cœur de la guerre froide. En 1962, Paul Baran, de la "RAND Corporation", publie un rapport appelé "On

---

[3] J.GUYAZ, page 316.

Distributed Communication Networks"[4], dans lequel il étudie comment protéger le système de communication de l'armée américaine des premières destructions liées à une éventuelle attaque nucléaire russe. Le DoD (Department of Defense) américain crée le projet ARPA (Advanced Research Project Agency) dont l'une des missions est de mettre sur pied l'outil de communication le plus performant et le plus fiable qui soit au monde en reliant quatre universités et centres de recherche, dans le but d'exploiter au mieux les capacités des gros systèmes. La première machine de l'ARPANET (l'ancêtre de l'Internet d'aujourd'hui) est entrée en service le 01/09/1969, à l'Université de Californie, à Los Angeles. Il s'agissait à l'époque d'un puissant mini-ordinateur de 12 Ko de mémoire.

L'ARPANET s'étendra des quatre universités de l'ouest américain à une quarantaine de sites aux Etats-Unis. Si bien que dès 1972 les technologies de base sont en place pour l'arrivée d'Internet. En 1974, Vinton Cerf et Robert Kahn développent les deux protocoles TCP (Transfer control protocole) et IP (Internet Protocol) dans le but de rendre le protocole de transmission applicable à tous les types de systèmes informatiques. Ce travail constitue aujourd'hui la base de toutes les communications sur Internet.

L'agence ARPA décide de rendre les protocoles TCP/IP publics et ce, gratuitement et sans restriction. En 1983, de nouveaux réseaux indépendants surgissent de partout. Des murs de l'université de New York, naît BITNET, et à San Francisco, FIDONET voit le jour, ces réseaux indépendants contribuent énormément au développement d'Internet. Vers la fin des années 80, le gouvernement américain mandate une agence gouvernementale, la NSF (National Science Foundation, fondée en 1950) pour promouvoir le développement de l'informatique en établissant plusieurs grands centres de recherche. Malgré sa popularité au sein de la communauté scientifique et universitaire, Internet n'a pas encore séduit le grand public. A cette

---

[4] Jean-Marie FONTAINE - PE/EMF (1998-99)
http://netia62.aclille.fr/liev/propeda/propeda/fichiers/infor/internet.pdf

époque les services offerts sont: la disposition du courrier électronique pour communiquer et d'outils comme FTP (File Transfer Protocol) et TelNet pour accéder à des banques d'informations où l'usager doit faire preuve d'intuition et compter sur la chance pour trouver ce qu'il cherche.

En 1992, le langage HTML qui permet de créer des documents multimédias et le protocole HTTP (Hyper Text Transfer Protocol) qui permet de véhiculer ces documents sur Internet, sont présentés au Centre Européen de Recherche Nucléaire (CERN). Le World Wide Web (www) est né. En parallèle à ce développement l'investissement des entreprises privées de l'ordinateur personnel comme Apple accélère la popularisation de cette nouvelle technologie au sein des entreprises et des domiciles. L'utilité de l'ordinateur a évolué de la simple fonction de calculatrice à celle d'outil indispensable pour la recherche et la communication. La baisse des prix des modems et l'Unix, permettent la diffusion et l'accès à Internet plus facilement. Ainsi les réseaux se connectent de plus en plus puisque le coût des équipements d'internet sont en perpétuel baisse et ce grâce à la croissance des inventions et la concurrence. En 1993, le système réseau comprenait environ deux millions de serveurs dans plus de 130 pays. En 1994, il avait dépassé la barrière des trois millions. Ce nouvel outil de diffusion d'informations engendre la formidable expansion d'Internet que nous connaissons aujourd'hui.

En étudiant l'histoire des NTIC on remarque que le développement de celles-ci se fait à une vitesse impressionnante, le rapprochement de l'informatique et des télécommunications, dans la dernière décennie du XXème siècle ont bénéficié de la miniaturisation des composants, permettant de produire des appareils « multifonctions » à des prix accessibles, dès les années 2000. Les usages des TIC ne cessent de s'étendre, surtout dans les pays développés. En exemple la quasi-totalité (98%) des entreprises en France de plus de 10 salariés possèdent au moins un ordinateur et un accès Internet, selon une étude de l'Insee réalisée en 2008.

Les NTIC tendent à prendre une place croissante dans la vie humaine et le fonctionnement des sociétés, certains craignent aussi une perte de liberté individuelle. Les prospectivistes s'accordent à penser que les TIC devraient prendre une place croissante et pourraient être à l'origine d'un nouveau modèle de civilisation.

2- *La diffusion des NTIC :*

La diffusion des NTIC est suscitée par le boom de présence de différents équipements dans les foyers. L'enquête sur les TIC et le commerce électronique effectué par l'INSEE a révélé qu'en janvier 2009, la quasi-totalité des sociétés d'au moins 10 salariés a accès à l'internet haut débit. Plus de la moitié d'entre elles (54 %) possèdent un site web sur lequel 63 % présentent leurs produits ou services. Mais seulement un quart des sociétés qui possèdent un site offre la possibilité de commander en ligne. Si le taux d'équipement en sites stagne, celui d'extranet a doublé en deux ans: en janvier 2009, un tiers des sociétés en sont dotées.[5]

On remarque aussi la stabilisation des taux d'équipement en téléphonie à un niveau élevé. D'après les recherches du CREDOC en 2010 on constate une forte croissance en 2009 de l'équipement des individus en téléphonie fixe et en téléphonie mobile, les taux d'équipement se stabilisent à un niveau élevé. Le double équipement (fixe et mobile) s'est généralisé ces dernières années et concerne 70% de la population en 2010. 12% de la population sont équipées uniquement d'un mobile à l'inverse, 17% des personnes ne disposent à leur domicile que d'un poste de téléphonie fixe. Ces personnes ont le plus souvent en moyenne de faible revenus et elles sont plus âgées (six sur dix ont plus de 60 ans) et plus de la moitié résident dans des villes de moins de 20 000 habitants.[6]

---

[5] Extrait de l'Insee Première « L'internet haut débit se généralise dans les entreprises », n° 1323, 11/2010.
[6] CREDOC, « La diffusion des TIC en France – enquête juin 2010 -

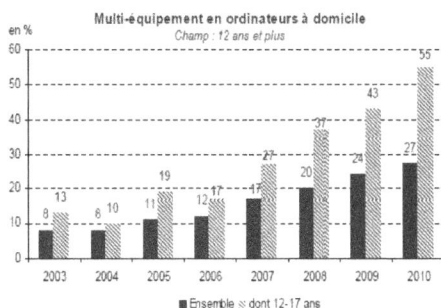

Multi-équipement en ordinateurs à domicile
Champ : 12 ans et plus

Source : CREDOC, Enquêtes " Conditions de vie et Aspirations des Français ".

L'équipement en micro-ordinateur progresse de deux points entre juin 2009 et juin 2010, les 3/4 de l'ensemble des personnes de 12 ans et plus disposent désormais d'un ordinateur à leur domicile. Vivre au sein d'un foyer qui dispose de plusieurs ordinateurs devient une situation fréquente, un quart des personnes de 12 ans et plus vivent dans un ménage "multi-équipé " en ordinateurs, et c'est le cas de plus de la moitié des adolescents entre 12 et 17 ans (55%, soit +12 points en un an). Désormais dans plus de la moitié des ménages équipés (58% exactement), au moins un des ordinateurs est un **portable**.

3- *Les fonctions des NTIC dans l'espace virtuel au quotidien :*

La spectaculaire diffusion d'outils de communication et d'information individuels et surtout portables, comme les nouveaux téléphones mobiles intelligents (Smartphone) et l'ordinateur portable, a récemment donné un nouvel élan au mode de vie des hommes, en leur permettant d'accéder à des fonctions quotidiennes à distance. D'ailleurs certains attribuent des vertus ¨thérapeutiques¨ aux TIC face aux problèmes de la société, car ils permettraient la réduction des pollutions atmosphériques et même limiteraient les épidémies en facilitant l'accès de différents services à distance. Ils amélioreraient aussi la vie quotidienne de la population handicapée en leur offrant deux possibilités. La première permet aux personnes en déficit de mobilité d'accéder à des services à distance. La seconde accompagne les

13

publics déficients dans leurs efforts de mobilité grâce à de nombreuses « Assistive Technologies »[7] développées par les industriels. Il semble bien que les TIC interviennent fortement dans les « modes d'habiter » des individus, en agissant sur la pratique de l'espace qui devient flexible, ce qu'on tentera d'examiner à travers les usages qu'offrent les TIC notamment Internet dans l'espace virtuel.

Communication personnelle :

D'après différentes études l'homme communique de plus en plus selon les avancées technologiques, plus on lui facilite l'accès à la communication plus il communique. Les TIC aident à renforcer la communication. Pour souhaiter la nouvelle année 2010 les français ont envoyé 500 millions de messages avec leurs téléphones portable, en 2009 360 millions de SMS avaient été échangés, pour la nouvelle année 2006, les chiffres étaient de 35 millions. En 4 ans, le nombre de SMS envoyés pour le Nouvel An a été multiplié par 15[8]. Selon les estimations de 2006 parues dans le magazine le Nouvel Observateur plus de 20 milliards de messages ont été échangés chaque jour, dans la planète, et plus de 100 milliards de pages internet ont été consultées en 24 heures[9]. Donc l'individu communique de différentes manières que ce soit de vive voix ou par message électronique ou encore par SMS.

Commerce :

Avec l'arrivée et le développement d'Internet, on assiste aujourd'hui à une autre forme de commerce; où la vitrine commerciale n'est plus physique mais plutôt virtuelle. On fait du ¨window shopping¨ en parcourant tout les genres de produit de chez soi sur ordinateur ou télévision. Le centre commercial n'est plus le seul lieu de commerce. Un bon nombre de commerçants ont leurs propres sites Internet pour présenter leurs produits et défendre leurs marques, à l'aide de paiement sécurisé le

---

[7] Expression retrouvée sur www.tech4i2.com
[8] Puel Hélène, article : Plus de 500 millions de SMS échangés pour le Nouvel an, publié le 04/01/2010 sur www.01net.com
[9] Le Nouvel Observateur, hors série, juin juillet 2006, p14

14

commerçant peut écouler son stock, et même entrer en concurrence. Joël de Rosnay[10] qualifie ce nouvel environnement virtuel de transactions comme étant "le nouvel environnement cliquable". En France, le nombre de cyberconsommateurs en 2008 est estimé à 22,3 million (soit près des trois quarts des internautes contre 10 % en 2000)[11] Bien que le e-commerce ne représente qu'une faible part du chiffre d'affaires du commerce de détail français (5 % en 2008), il connaît une évolution rapide. Selon une étude réalisée par un fournisseur de solutions et de conseils dans les nouvelles technologies destinées au secteur aérien, 63% des billets d'avions sont achetés dans le web en Europe et aux Etats-Unis[12]. En France on connaît plusieurs sites marchands tels que "EBay" qui en plus d'offrir des produits offre la possibilité aux internautes d'être en même temps des commerçants partageant ainsi le nouveau sens participatif d'Internet.

Loisir :

Internet avec son caractère participatif, favorise et diversifie le loisir. Les sites de loisirs tels que Youtube ou Wikipedia basé sur le Système UGC (User Generated Contents, un ensemble de média numérique produit par l'internaute) connaissent un très grand succès, surtout auprès des jeunes et étudiants. 120 millions c'est le nombre total de vidéos sur YouTube, 200000 nouvelles vidéos sont mises en lignes chaque jour et 200 millions de vidéos sont visionnées quotidiennement[13].

La télévision, le nombre d'heures hebdomadaires qui lui sont consacrées est encore, pour l'ensemble de la population, bien supérieur à celui dédié au " net ", mais l'écart se réduit pour les internautes. Les personnes qui disposent d'une connexion internet déclarent passer presque autant de temps sur internet que devant leur

---

[10] Docteur ès sciences-Conseiller du président de la Cité des sciences et de l'industrie de la Villette
[11] Centre régional d'observation du commerce et de l'industrie et des services (n°119 - juillet 2009),p1.
[12] *Alternatives économiques,* juin 2006, p49
[13] Zelaurent.com, mars 2009.

télévision (15 heures par semaine pour Internet contre 17 heures par semaine pour la télévision)[14].

Le loisir est aussi accessible via le téléphone surtout ceux qu'on appelle ¨Smartphone¨ qui sont capable d'avoir Internet en instantané où qu'on soit. Aujourd'hui on peut prendre des photos faire des vidéos, télécharger des applications et des jeux et accéder à la toile rien qu'avec le téléphone. Il ne faut pas non plus oublier les jeux vidéo qui se sont vu développer d'une manière extraordinaires ces dernières décennies grâce aux nouvelles technologies et qui représentent la forme de loisir la plus populaire chez les jeunes, aujourd'hui on peut jouer en ligne avec d'autres personnes dans le monde entier. Dernièrement avec le nouveau jeu vidéo de Nintendo ¨la Wii¨ou la ¨Nintendo Ds¨ l'usager peut jouer tout en exerçant son cerveau et son corps grâce à une nouvelle technologie de la capture (TCM).

Education :

On retrouve de plus en plus les Nouvelles Technologies de l'Information et de la Communication dans le domaine de l'éducation. Si on prend l'exemple des étudiants d'architecture de l'école de l'ENSAPV, on constatera qu'aujourd'hui l'ordinateur et les nouveaux logiciels de dessins qui se développent rapidement ont leur place à part entière dans la vie estudiantine. L'étudiant en architecture de 2011 ne conçoit pas effectuer son cursus sans avoir accès à internet ou aux différents logiciels qui lui facilitent ses études. L'intervention des NTIC ne s'arrêtent pas là, le site de l'école de l'ENSAPV offre à l'étudiant un portail pédagogique pour collecter les informations qui lui sont nécessaires dans sa vie d'étudiant, pour consulter ses notes d'examens, l'emploi du temps ou bien téléchargé certains cours.

On offre aussi un accès à Internet dans l'ensemble de l'école, ceci par la création de Hot Spot. Ce genre d'intervention des NTIC dans la vie estudiantine est pratiquement généralisé dans tous les pays du monde. Et en allant bien loin dans

---

[14] CREDOC, « La diffusion des TIC en France – enquête juin 2010

certains pays tel que le CANADA dont le système éducatif est connu pour être gérer autour des NTIC, beaucoup de lycéens passent leurs examens de chez eux par le billet d'accès Intranet dont l'enseignant prend la gestion.

Communauté virtuelle :

« Une communauté virtuelle est tout simplement un groupe de personnes qui sont en relation par les moyens du cyberespace. Cela peut aller d'une simple liste de diffusion temporaire par le courrier électronique, jusqu'à des communautés virtuelles dont les membres entretiennent des relations intellectuelles, affectives et sociales solides et à long terme, comme la communauté du Well décrite par Howard Rheingold. »[15]

Dans le chapitre qui suivra nous donnerons plus d'explication sur ces communautés virtuelles qui sont le fondement des réseaux sociaux du net d'aujourd'hui.

---

[15] Levy Pierre, Cyberdémocratie, page 75.

Chapitre 2: Le développement des réseaux sociaux

1- _Définition :_

« _Les réseaux sociaux existaient bien avant Internet. Un réseau social n'est en effet rien d'autre qu'un groupe de personnes ou d'organisations reliées entre elles par les échanges sociaux qu'elles entretiennent. Un club de tricot ou de pétanque en était réseau social avant la lettre ! Aujourd'hui, Internet a démultiplié ces réseaux et interactions et les a dotés d'une toute nouvelle puissance. Avec des taux de connexion qui ne cessent de grimper, une créativité débridée, des millions de jeunes nés avec une souris dans les mains arrivant sur le réseau chaque année, des technologies collaboratives qui se banalisent et un désir certain d'investir le champs du relationnel, Internet met en place de nouveaux réseaux sociaux plus larges, plus vastes, plus ludiques mais aussi moins facilement identifiables que ceux auxquels la génération précédente était habituée._ » [16]

« _Un réseau social est un ensemble d'identités sociales telles que des individus ou des organisations sociales reliées entre elles par des liens créés lors des interactions sociales._ »[17]

Auparavant, les individus se regroupaient en partageant les mêmes caractéristiques, même aire géographie, même classe sociale ou religion, etc. Partant d'une idée que ¨Qui se ressemble s'assemble¨ car l'homme a une tendance naturelle à se regrouper, à se lier avec ses semblables. Les réseaux impliquent des communications interpersonnelles entre individus, les contraintes physiques et sociales limitaient le développement de réseaux importants.

Or, les réseaux sociaux sur le Web, libérés de ces contraintes, permettent aux gens de former des réseaux hétérogènes. Ces groupes s'organisent autour d'intérêts communs, sans limites physiques, et établissent des communications facilitées par le

---

[16] Définition extraite du site du jeune.cnil.fr document : 2025 ex machina, Episode 1// Fred & Le chat démoniaque – Il a publié, il a oublié, pas les réseaux !, 2010, p1.
[17] Wikipedia.org

Web, ils activent ainsi le penchant des individus pour la formation de groupes et sous-groupes d'intérêts.

Le réseau social en ligne est donc une reproduction du réseau traditionnel, facilitant les regroupements entre individus partageant des intérêts communs, sans qu'ils soient pour autant entravés par les anciennes contraintes géographiques et sociales.

Les réseaux sociaux issus du web reposent sur les communautés virtuelles, URRY John dit que *« les communautés virtuelles sont des espaces sociaux où les gens se rencontrent toujours face à face, mais en donnant un sens nouveau aux termes "rencontre" et "face".* »[18]

Dans le prochain point on tentera d'examiner l'évolution de ces réseaux en étudiant aussi la réalité virtuelle et les communautés virtuelles.

2- *L'évolution des Réseaux sociaux :*

Le réseau social existe depuis que les hommes sont constitués en société. Des groupes sociaux, structurés autour d'un thème fédérateur (religion, classe sociale, études, etc.), forment un type de réseautage informel. Il peut prendre une forme plus organisée et institutionnelle, professionnelle ou "de loisir". Avec l'apparition d'Internet, le réseautage social a pris une nouvelle ampleur et ses formes et possibilités se sont multipliées.

Réalité virtuelle :

Le réseau social du Web agit dans le cyberespace mêlant ainsi la réalité physique à la réalité virtuelle. *« Certains disent qu'avec les technologies de l'information et de la communication, on risque de "confondre le virtuel et le*

---

[18] URRY John (2005), p84.

réel ¨»[19]. Ce qui n'est pas tout à fait faux quand on voit le nombre de personne qui deviennent dépendant de ces NTIC, par exemple le téléphone portable est passé en une décennie du statut d'objet à celui de commodité indispensable dont on ne peut s'en séparer. Contrairement à l'automobile qui a mis plus de la moitié d'un siècle pour s'imposer.

Mais quel est le vrai sens du virtuel ? Galland trouve les origines du terme ¨virtuel¨ dans le latin (1503) qui fait référence à ce qui n'existe qu'en puissance et non en actes, « *il dérive du latin virtus qui signifie tant la vertu que la force ou la puissance.* »[20]. Donc si on pouvait croire que le virtuel est une sorte de puissance ça nous laisserait penser que c'est quelque chose de mystique. En informatique, on a toujours nommé systèmes virtuels les dispositifs techniques qui sont capable de remplacer un système réel *(terminal virtuel, mémoire virtuelle, adresse virtuelle, etc.)* [21]

Donc c'est une réalité immatérielle, puisque on ne la touche pas ; mais dont les supports sont bien réels, d'ailleurs dans les années 90 on parlait beaucoup de réalité virtuelle en faisant référence aux environnements multimédia dans lequel l'usager a le sentiment d'être immergé physiquement et corporellement.

Quand on parle de « réalité virtuelle » le terme est très lié au monde de l'image et du visuel, GALLAND constate par contre que lorsque le baladeur (walkman) est devenu un objet d'usage courant, personne n'a parlé de ¨réalités sonores virtuelles ¨ comme quand le téléphone est rentré dans les mœurs, personne n'a parlé non plus de rencontre ou de présence virtuelles¨ dans le logis. On pourrait croire alors que si une réalité est dite ¨virtuelle ¨parce qu'elle est médiatisée par n'importe quel dispositif, toutes les réalités que nous percevons peuvent aussi être qualifiées de virtuelles puisque nos sens ont leurs propres limites (les yeux par exemple).

---

[19] Dr Blaise GALLAND, ¨Espace virtuels : la fin du territoire ?¨p37
[20] Dr Blaise GALLAND, ¨Espace virtuels : la fin du territoire ?¨p37
[21] Dr Blaise GALLAND, ¨Espace virtuels : la fin du territoire ?¨p38

Ainsi GALLAND conclut que les univers crées par les informaticiens sont bien plus artificiels que virtuels, ce sont des environnements construits pour créer une réalité fictive mais qui opère en elle-même et qui agis aussi à distance. Et ainsi il conviendrait mieux de dire d'un cyberespace qu'il n'est qu'un espace artificiel plutôt que de dire un espace virtuel. Il explique qu'à notre échelle humaine et planétaire, la vitesse de la lumière parait instantanée ce qui nous laisse penser que cette instantanéité efface la réalité de l'espace physique des atomes et donc pulvérise la contrainte de l'espace.

Communauté virtuelle :

L'un des plus grands évènements de cette dernière décennie dans le domaine des NTIC est le développement des communautés virtuelles de tout genre (chat-room, réseaux sociaux, forum, site de rencontres, etc.) surtout auprès des jeunes générations. Seulement aujourd'hui elles ne font plus la particularité d'une seule catégorie sociale mais même les institutions s'y mettent. De plus en plus d'institutions administratives, d'entreprise, radio, etc. ont leurs propres communautés virtuelles. Pierre Levy dit que les communautés virtuelles constituent *« le fondement social du cyberespace et la clef de la cyberdémocratie. »*[22] Car elles ont commencé à se développer plus de quinze ans avant l'apparition du World Wide Web.

Levy décrit les communautés virtuelles comme un groupe de personnes qui sont en relation par les moyens du cyberespace, où on serait face à deux catégories : une première qui serait une simple liste de diffusion ¨temporaire¨ par courrier électronique et une deuxième catégorie qui va au-delà de la simple liste de diffusion mais créant une communauté partageant des intérêts intellectuels, affectifs et sociaux , qui seraient donc à long terme. Il prend en exemple la communauté du WELL[23], décrite par Howard Rheingold, ce dernier est considéré comme l'un des "gourous" majeurs dans le domaine des interactions sociales en ligne. Dans son texte The

---

[22] Levy Pierre, Cyberdémocratie, p 75.

[23] Une des premières communautés virtuelles d'envergure en ligne, 1985, (http://www.well.com)

Virtual Community[24], on souligne que la communauté traditionnelle avec ses caractéristiques se restaure dans l'espace virtuel mais à une échelle plus globale. Désignant ainsi des rassemblements socioculturels d'individus qui participent à des discussions publiques le temps nécessaire pour que des réseaux de relations humaines se tissent dans le cyberespace.

Levy ne veut pas donner une définition abstraite de ce qu'est une vraie communauté pour décider si ces communautés virtuelles peuvent être considérées comme réelles ou fictives. Car les communautés virtuelles ne se substituent pas aux anciennes méthodes pour tisser des liens sociaux mais s'y ajouteraient, et Lévy ajoute que si le flux des voyageurs venait à se réduire ce ne serait pas à cause d'Internet mais plutôt à cause de craintes d'éventuels attaques terroristes ou de guerre[25]. Ces relations virtuelles contribuent aux relations entre humains par la rencontre physique et se donne lui-même en exemple en affirmant qu'il n'a jamais participé à une communauté virtuelle sans qu'il soit amené à rencontrer en personnes ses membres à un moment donné.

Le premier site Web de réseau social était *Classmates.com*, qui a commencé ses activités en 1995. *Company of Friends*, le réseau en ligne de *Fast Company* (une revue commerciale de la nouvelle économie) introduit le réseautage d'affaire sur Internet en 1997. D'autres sites ont emboité le pas, incluant *Sixdegrees.com*, en 1997, *Epinions* qui introduisit le cercle de confiance en 1999, suivi par les équivalents européens *Ciao, Dooyoo et ToLuna*.

C'est à partir de 2001 que des sites web de réseau social en ligne ont commencé à apparaitre. Cette forme de réseau social, couramment employée au sein des communautés en ligne, est devenue particulièrement populaire en 2002 et s'est enrichis avec l'avènement du site web appelé *Friendster* qui utilise le modèle de réseautage social du "cercle d'amis" (développé par l'informaticien britannique

---

[24] RHEINGOLD Howard (1995).
[25] Levy Pierre, Cyberdémocratie, p 76.

Jonathan Bishop en 1999). La popularité de ces sites a rapidement grossi. On dévoilera quelques exemples des réseaux sociaux les plus utilisés dans le monde, dans le prochain point.

3- *Les différents réseaux sociaux actuels et leurs utilisations :*

Les réseaux sociaux s'appuient sur la théorie du petit monde selon la célèbre expression "des six degrés de séparation" soutenue par l'expérience de Stanley Milgram, (1967). Le résultat de cette expérience démontrait que la chaîne des connaissances sociales requises pour lier une personne arbitrairement choisie à n'importe quelle autre sur Terre est généralement courte, et avait une longueur moyenne de six personnes, d'où l'expression qui en a découlé. Et Internet a confirmé l'étude.

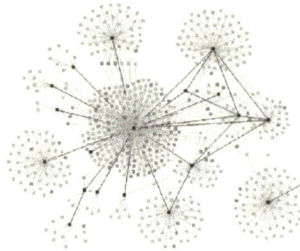

Ces réseaux utilisent aussi la loi Metcalfe[26] selon laquelle l'utilité d'un réseau est proportionnelle au carré du nombre de ses utilisateurs. Certains réseaux sociaux sont plus utilisés dans certains pays plus que d'autres. En France, les plus connus des réseaux sociaux sont Skyblog, Twitter, MySpace, LinkedIn et Facebook.

Chaque réseau a son identité qui appelle donc à un usage adapté, qui diffère selon sa raison d'être : permettre la diffusion et le partage d'expressions créatives (par ex, My Space), se retrouver entre anciens amis ou camarades (My Space, Trombi,

---

[26] Colloque Mobilités urbaines et réseaux sociaux, octobre 2010.

Copains d'avant, Facebook) , générer des rencontres entre voisins (Peuplades), favoriser des espaces d'échanges réels ou virtuels (Facebook, Twitter).

Similaires et pourtant différents, les sites communautaires proposent aussi la mise en relation d'internautes autour d'intérêts communs. C'est le cas de sites comme Dailymotion, Youtube ou WatTV, qui ne sont pas des réseaux sociaux mais qu'on appelle médias sociaux. On peut retrouver aussi des réseaux spécialisés : professionnels, par pays, par des ONG ou groupes particuliers, ces réseaux spécialisés peuvent être publics ou privés, on citera à titre d'exemple : Black *Planet* réseau ethnique, *MyChurch* réseau religieux, *Kinorezo* à thématique professionnelle, etc.

On tentera de donner plus de précisions sur certains réseaux qui nous ont semblé les plus utilisés selon l'enquête effectuée auprès des étudiants de l'ENSAPV.

Facebook :[27]

Premier réseau social en France et dans bon nombre de pays, il permet à toute personne possédant un compte de publier des informations, dont elle peut contrôler la visibilité par les autres personnes, possédant ou non un compte. Le nom du site s'inspire des albums photo (« trombinoscopes » ou « facebooks » en anglais) regroupant les photos prises de tous les élèves au cours de l'année scolaire et distribuées à la fin de celle-ci aux étudiants.

Facebook est né à l'université Harvard en 2004: c'était à l'origine le réseau social fermé des étudiants de cette université, avant de devenir accessible aux autres universités américaines. La vérification de la provenance de l'utilisateur se faisait alors par une vérification de l'adresse électronique de l'étudiant. Le site est ouvert à tous depuis septembre 2006. Aujourd'hui le public mondial atteint presque les 600 millions d'utilisateurs dans le monde. (599149860 d'utilisateurs), 27 millions en

---

[27] Source : http://www.checkfacebook.com/

Angleterre, 20 millions en France, 17 millions en Italie, 14 millions en Allemagne, 12 millions en Espagne. Le bouton «j'aime» est vu 3 milliards de fois par jour.

Facebook propose à ses utilisateurs des fonctionnalités optionnelles appelées « applications », représentées par de petites boîtes superposées sur plusieurs colonnes qui apparaissent à l'affichage de la page de profil de l'utilisateur. Ces applications modifient la page de l'utilisateur et lui permettent de présenter ou échanger des informations aux personnes qui visiteraient sa page.

Ce qu'on remarquera par contre c'est qu'il y a une interaction entre d'autres réseaux (médias sociaux, ou réseaux privés) et Facebook, par le bouton partage, ou aussi par la création de ces autres réseaux de leurs propres compte Facebook.

Twitter :[28]

Est un outil de réseau social et de micro- blog qui permet à l'utilisateur d'envoyer gratuitement des messages brefs, appelés tweets (« gazouillis »), par Internet, par messagerie instantanée ou par SMS.

Il a été créé à New York au sein de la startup Odeo Inc. fondée par Noah Glass et Evan Williams. Noah Glass commercialisait AudioBlogger, une application permettant de publier des fichiers audio sur un blog au moyen d'un téléphone.

L'idée de départ était de permettre aux utilisateurs de décrire ce qu'ils étaient en train de faire via SMS. Ouvert au public le 13 juillet 2006, la première version s'intitulait *stat.us* puis *twittr*, en référence au site de partage de photos Flickr puis Twitter, son nom actuel.

En juin 2009, une entreprise canadienne publie une étude complète sur Twitter, "An In-Depth look at the Twitter world" et estime à 11,5 millions le nombre de membres dans le monde. Il y aurait 125 000 utilisateurs en France en juin 2009. Selon une étude IFOP publiée en août 2009, 28 % des internautes français

---

[28] Wikipedia.fr

connaissent Twitter (contre 4 % en 2008), mais ils ne sont que 2 % à avoir un compte.

Youtube :

C'est un site web d'hébergement de vidéos sur lequel les utilisateurs peuvent envoyer, visualiser et partager des séquences vidéo. Il a été créé en février 2005 par trois anciens employés de PayPal. Le service emploie la technique Adobe Flash et/ou HTML 5 pour afficher toutes sortes de vidéos : des extraits de films, d'émissions de télé et des clips de musique, mais aussi des vidéos amateur provenant de blogs par exemple. Il s'appuie sur l'UGC (User generated content) ainsi le contenu généré par les utilisateurs représente 70%[29] de l'ensemble du site.

YouTube étant une entreprise américaine, son contenu est évalué selon la constitution américaine qui garantit une liberté d'expression qui est propre aux valeurs des États-Unis. Il est donc possible d'y trouver un contenu normalement censuré en France.

---

[29] Colloque Mobilités urbaines et réseaux sociaux, conférence de J-P Simonnet : Les réseaux sociaux, de quoi parle-t-on ?, 10/2010, p10.

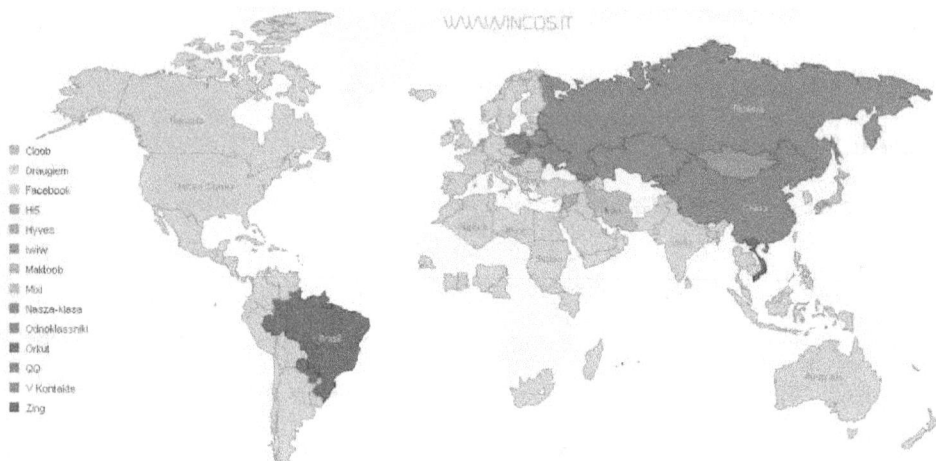

Cartographie des réseaux sociaux dans le monde[30]

Le cyberespace *renforce les liens sociaux*[31] parce qu'il autorise aux sociétés modernes de réactiver leurs liens sociaux. Le sociologue Barry Wellmann parle de *"Personalized Networking"*[32]. Le cyberespace autorise l'initiative individuelle en renforçant l'appartenance à une communauté. Donc toute personne qui a accès aux réseaux numériques a le choix de se retrouver ou non dans les chats communautaires, de naviguer sur la toile pour s'informer ou pour le loisir, de partager ou non des vidéos ou photos.

4- *Qui utilisent les réseaux sociaux?*

Comme on a pu le constater dans les points précédents, les réseaux sociaux se multiplient selon l'intérêt qu'ils dégagent, aujourd'hui autre que les réseaux généralistes qui sont utilisés par les différentes catégories de la société dès le plus

---

[30] Colloque Mobilités urbaines et réseaux sociaux, conférence de J-P Simonnet : Les réseaux sociaux, de quoi parle-t-on ?, 10/2010, p14.
[31] GHORRA- GOBIN La figure du CYBORG dans le cyberespace. Page 274
[32] GHORRA- GOBIN La figure du CYBORG dans le cyberespace. Page 276

jeune âge (à partir de 13 ans pour le cas de Facebook par exemple). On retrouve des réseaux plus spécifiques : institutionnels et commerciaux.

La jeune population est en majorité sur les réseaux sociaux que ce soit pour partager un lien, une information ou une vidéo, ou encore pour voir ce que les contacts ont partagé, ou ce qu'ils comptent faire. Cette génération est appelée ¨génération Y¨, ou ¨net génération¨[33] née entre 1975 et 1994, elle a besoin du visuel, c'est une curiosité humaine qui a été endoctriné et entretenue par la télé réalité qui a explosé cette dernière décennie.

On vit de plus en plus dans une société du visuel où on peut construire une sorte de vitrine de soi, pour vendre ses mérites, ses qualités, etc. Les institutions et les commerçants ont compris ce concept et pour ne pas être en décalage vis-à-vis de la société, ils s'y sont mis. Des institutions, politiques de pays, des ONG, des associations, etc. ont vu le jour.

Ainsi on retrouve des communautés virtuelles appartenant aux institutions et qui réunissent des personnes qui partagent les mêmes intérêts, les mêmes passions, idées et projets, ceci sans partager le même territoire. Donc ces communautés virtuelles sont déterritorialisées[34] et n'ont pas une frontière géographique contrairement à celles qu'elles représentent réellement. Créant un nouveau territoire virtuel, où les proximités ne sont plus géographiques ou institutionnelles mais deviennent sémantique.

Comme il existe aussi de grandes communautés virtuelles commerciales, qui proposent des pages personnelles, des clubs de discussion, etc. Toutes ces grandes communautés virtuelles commerciales utilisent la métaphore de la cité (virtuelle) en incitant les gens à s'inscrire selon leurs centres d'intérêts et leurs affinités. Une concurrence se développe entre toutes ces institutions pour réunir la plus grande

---

[33] Colloque Mobilités urbaines et réseaux sociaux, conférence de J-P Simonnet : Les réseaux sociaux, de quoi parle-t-on ?, 10/2010, p2.
[34] Levy Pierre, Cyberdémocratie, p 77

communauté virtuelle possible, la survie de l'institution étant reliée justement au fait d'avoir un soutien de la part d'une communauté virtuelle. Levy donne l'exemple du journal Le Monde [35]qui a compris l'intérêt d'avoir un tel soutien en transformant son journal en ligne en une communauté virtuelle, car plus la communauté est nombreuse et fidèle, plus les revenus entre abonnements et publicités peuvent être importants.

Ainsi on peut retrouver des communautés virtuelles autres que les communautés généralistes qu'on connaît, construisant ainsi de nouvelles villes puisqu'elles rassemblent un nombre important de personnes de toutes catégories discutant de tout types de sujets, on retrouve des sites pour les femmes, d'autres pour les homosexuels, d'autres de partis politiques, etc. Les sites généralistes ont pour vocation de rester en contact, quand aux réseaux spécialisés reposent sur l'intérêt commun.

---

[35] Levy Pierre, Cyberdémocratie, p 79

2ème Partie: **L'enquête sur la pratique des Réseaux sociaux - issus des NTIC – par les étudiants de l'ENSAPV**

Enquête sur l'expérience et la pratique des NTIC par les étudiants de l'ENSAPLV

Pour mieux comprendre la pratique des réseaux sociaux issus des NTIC, une enquête par questionnaire a été menée auprès de cents étudiants (50 garçons, 50 filles) de l'Ecole Nationale Supérieure d'Architecture Paris la Villette. La distribution des questionnaires a été effectuée du 14 au 17 Décembre 2010 par l'auteur.

Le choix pour effectuer l'enquête auprès des étudiants de l'ENSAPV s'est fait pour plusieurs raisons. D'abord, comme cité dans les pages précédentes, les utilisateurs des NTIC et des réseaux sociaux sont en majorités des jeunes, et ils s'adaptent facilement aux nouveaux appareils et aux nouvelles mises à jour. Deuxième raison, est que les étudiants sont plus autonomes que les lycéens sur le plan économique. Enfin, il était plus facile à l'auteur d'accéder à ce groupe questionné qu'un autre.

Le questionnaire est composé de quatre parties. La première partie consiste à présenter l'étudiant, son niveau d'étude, son lieu de résidence, son mode de déplacement. Les réseaux sociaux étant donné issus des NTIC, la 2ème partie et la 3ème partie du questionnaire aide à connaitre les dépendances aux NTIC, les utilisations dans le Cyberespace. La 4ème partie et qui est la plus grande traite des réseaux sociaux et leurs impacts.

Les résultats seront identifiés comme suit :

1- La dépendance aux NTIC : La fréquence d'utilisation des NTIC :
2- Sociabilité sur le cyberespace.
3- La dépendance aux réseaux sociaux.
4- Dépenses et modes de déplacements.
5- Réseaux sociaux et manifestations publiques.
6- L'influence des réseaux sociaux sur le déplacement.

32

On s'appuiera dans l'analyse sur des graphes pour mieux visualiser les pourcentages des résultats obtenus de l'enquête.

Analyse des résultats de l'enquête

1- *La dépendance aux NTIC :*

Les résultats de l'enquête permettront de confirmer ou non la dépendance aux NTIC : 92% des questionnés ont répondu qu'ils disposaient d'un forfait téléphonique (abonnement) et 8% ont répondu qu'ils disposaient d'un téléphone qu'ils rechargent via cartes téléphoniques. Sur les 92% qui ont un abonnement 66% disposent d'un forfait avec un accès à Internet illimité. Et 37% d'entre eux avouent qu'avoir Internet sur leur portable était leurs motivations principales pour contracter leurs forfaits.

100% des étudiants questionnés utilisent Internet et déclarent ne pas pouvoir se passer de certains de ses services comme l'e-mailing, téléphoner avec Skype, et la messagerie instantanée, comme on le remarque ce sont des services de communication et d'autres déclarent qu'en plus de ces services ils ne peuvent pas se passer du service de consultation de l'itinéraire. 79% d'entre eux déclarent qu'ils se connectent plusieurs fois par jour et 72% affirment qu'ils restent connecter de plusieurs heures à toute la journée. Contre 23% qui disent se connecter qu'une heure par jour.

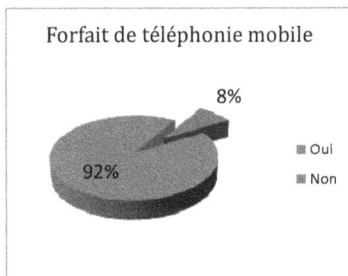

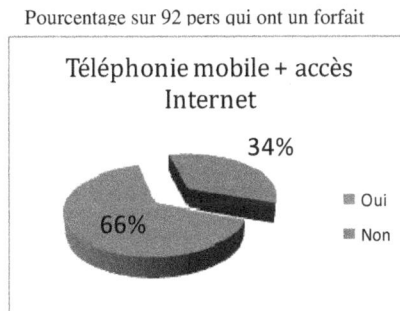

Forfait de téléphonie mobile
8%
92%
■ Oui
■ Non

Pourcentage sur 92 pers qui ont un forfait

Téléphonie mobile + accès Internet
34%
66%
■ Oui
■ Non

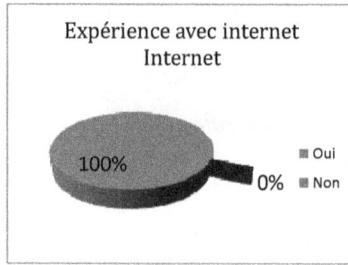

Expérience avec internet
Internet

100% 0%
Oui Non

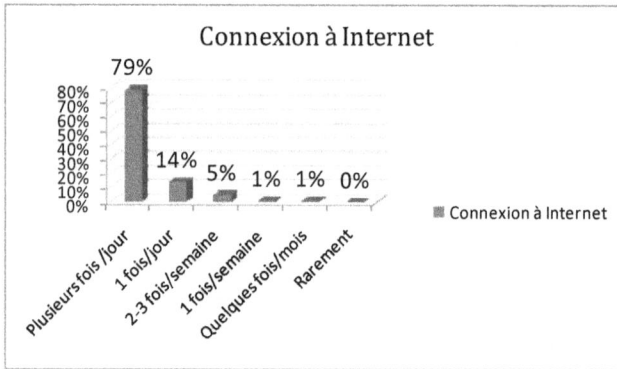

Connexion à Internet

79%
14%
5% 1% 1% 0%

Plusieurs fois /jour
1 fois/jour
2-3 fois/semaine
1 fois/semaine
Quelques fois/mois
Rarement

Connexion à Internet

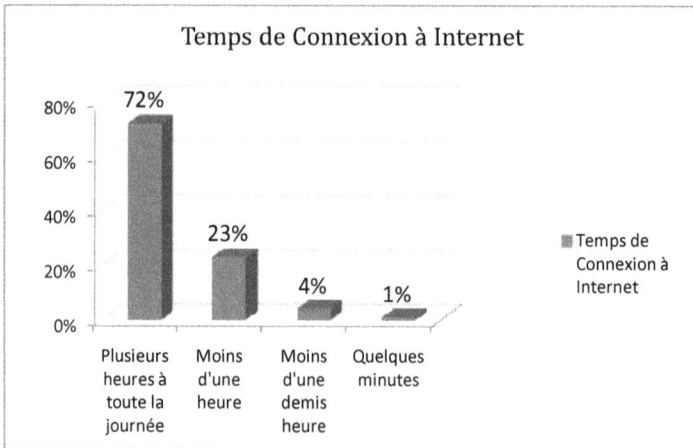

Temps de Connexion à Internet

72%
23%
4% 1%

Plusieurs heures à toute la journée
Moins d'une heure
Moins d'une demis heure
Quelques minutes

Temps de Connexion à Internet

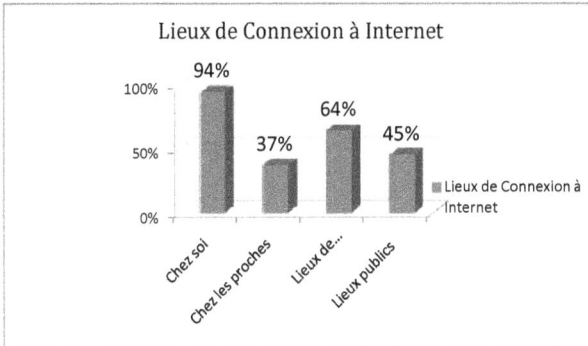

Lieux de Connexion à Internet

Quand aux lieux de connexion 94% se connectent de chez eux, 37% chez leurs proches, 64% sur leurs lieux d'étude ou travail et pour finir 45% se connectent aussi dans les lieux publics. En somme 32% d'entre eux se connecte partout où qu'ils soient, et c'est ce qui nous confirme cette dépendance aux NTIC de l'étudiant en Architecture.

L'enquête nous dévoile la grande influence d'Internet sur les étudiants en architecture entre ceux qui ont déclaré avoir contracté un forfait téléphonique pour avoir l'accès Internet illimité et ceux qui déclarent se connecter partout.

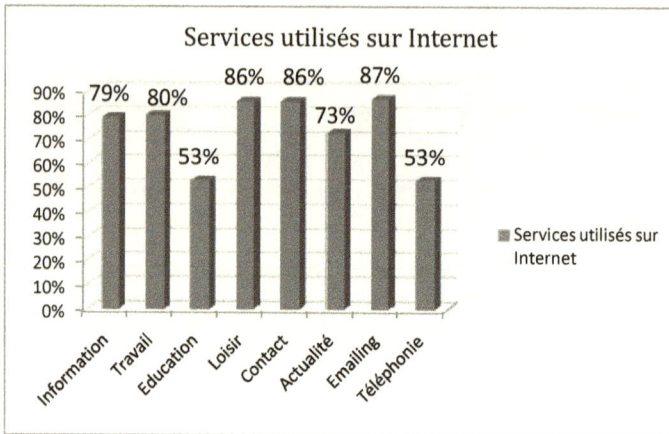

Services utilisés sur Internet

79% 80% 53% 86% 86% 73% 87% 53%

Information, Travail, Education, Loisir, Contact, Actualité, Emailing, Téléphonie

■ Services utilisés sur Internet

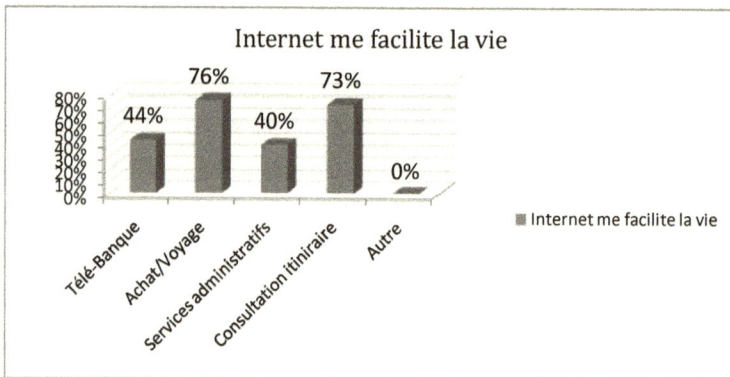

Internet me facilite la vie

44% 76% 40% 73% 0%

Télé-Banque, Achat/Voyage, Services administratifs, Consultation itiniraire, Autre

■ Internet me facilite la vie

L'utilisation principale d'Internet chez l'étudiant en architecture est le contact, l'e-mailing et le loisir avec un taux de pourcentage pratiquement identique à 86% et 87%.

76% trouve qu'Internet leurs facilite la vie en ce qui concernent les achats, des billets de voyages, la télé banque (44%). Et d'autres utilisent à 73% Internet pour consulter leurs itinéraires. La pratique d'Internet est très diverse, les usages les plus répandus ; sont la communication et l'information. Beaucoup s'en servent aussi pour regarder des vidéos, écouter la musique et effectuer leurs achats.

Internet est donc en premier lieu un moyen de communication selon les étudiants d'ENSAPV, il semble qu'Internet permet de réaliser une activité quotidienne comme la communication en arrangeant facilement la rencontre dans l'espace virtuel. Diminuant ainsi le déplacement inutile.

A titre comparatif une enquête INSEE 2005[36] sur les usages d'internet par une population de 25- 60 ans démontrait que 68,9% d'individus utilisaient l'e-mailing, 65,2% l'utilisent pour les achats en ligne. Ainsi l'usage d'Internet se diversifie au fil du temps car tout le monde élargit progressivement son usage, ainsi l'usage d'Internet se construit à partir de pratiques sociales qu'il enrichit.

2- *Sociabilité sur le cyberespace :*

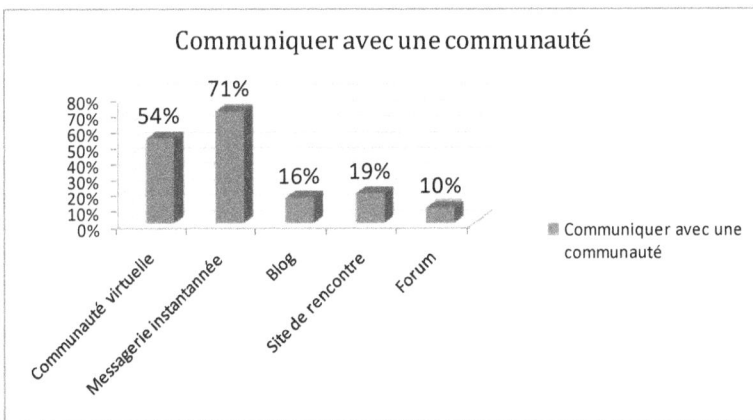

Internet est un moyen de communication, agissant directement sur le caractère social de l'étudiant. La plupart ont affirmé l'utiliser d'abord pour envoyer et recevoir des emails, afin de discuter avec leurs proches situées loin d'eux, et aussi, ceux qu'ils voient régulièrement. On remarque que 71% utilisent Internet pour la messagerie instantanée, 19% déclarent l'utiliser dans des sites de rencontres.

---

[36] Résultats trouvés dans l'ouvrage : Mobilités& Mode de Vie Métropolitains, page 201

L'originalité des comportements en lignes des jeunes internautes renvoie par conséquent pour une large part aux propriétés du temps de la jeunesse, car la dimension qui pèse sur l'accès à la culture numérique mais aussi aux usages se combine avec les besoins et les contraintes propres à chaque période de la vie, on retrouve d'ailleurs la plupart des traits habituels de mode de loisir juvénile : communication instantanée liée à la sociabilité amicale ou encore l'investissement dans les activités d'autoproduction ou de présentation de soi tel que les blogs.

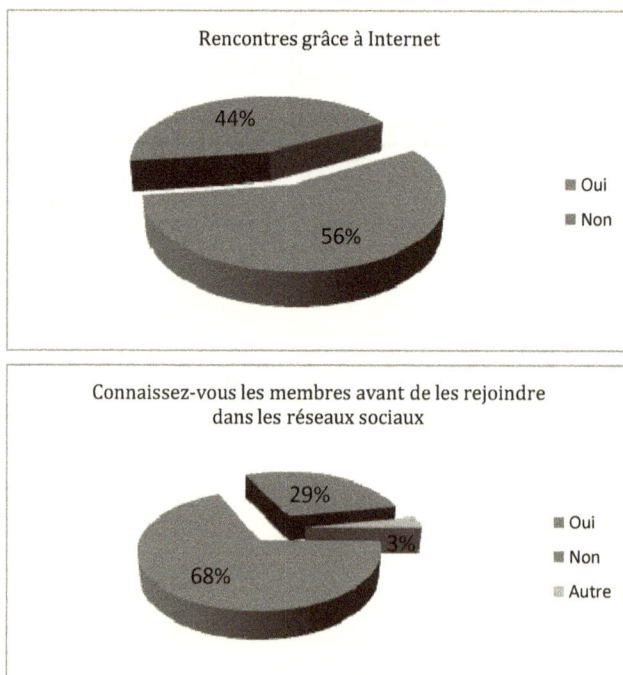

Rencontres grâce à Internet

44%

56%

■ Oui
■ Non

Connaissez-vous les membres avant de les rejoindre dans les réseaux sociaux

29%

3%

68%

■ Oui
■ Non
■ Autre

56% déclarent avoir effectué des rencontres grâce à Internet, en organisant le rendez vous par email et messagerie instantanée. Et 68% des gens qui détiennent un compte réseau social déclarent qu'en rejoignant des membres dans une communauté quelconque, ils les connaissent déjà, ce qui vient soutenir l'idée qu'on communique beaucoup plus avec les personnes qu'on connaît et avec qui on partage un certain nombre d'affinité.

Mais ça n'empêche pas qu'il y ait 29% d'entre eux qui font de nouvelles rencontres, en rejoignant des personnes qu'ils ne connaissent pas.

3- *La dépendance aux réseaux sociaux :*

91% déclarent être membre d'un réseau social et 9% déclarent ne pas avoir de compte réseau social seulement 4% ont signalé en répondant au questionnaire sous forme de remarque que même s'ils n'avaient pas personnellement un compte sur un réseau social, ils avaient l'accès par le billet du compte de leurs compagnes ou compagnons et donc ainsi ils leurs arrivaient de l'utiliser d'une manière indirecte.

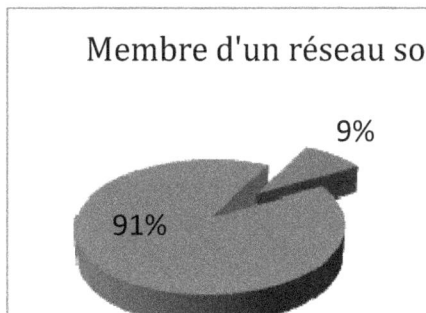

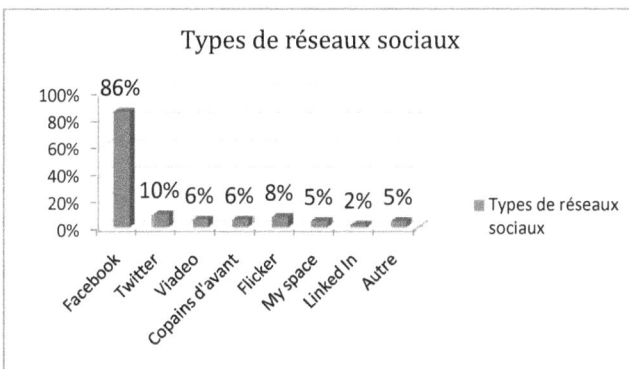

Nous remarquons que le site qui détient le plus grands nombre d'étudiants adhérent est Facebook avec 86% d'utilisateurs contre 10% pour Twitter et 8% pour les copains d'avant. L'esprit de ce genre de site communautaire est : « les amis de mes amis sont mes amis », les internautes ajoutent des contacts, en partageant des photos, des musiques ou des vidéos…. Toutes ces activités sociales offertes sur Internet, forum de discussion, site de rencontre, blog, messagerie instantanée,… ont pour but d'approfondir ou d'élargir le cercle de relation.

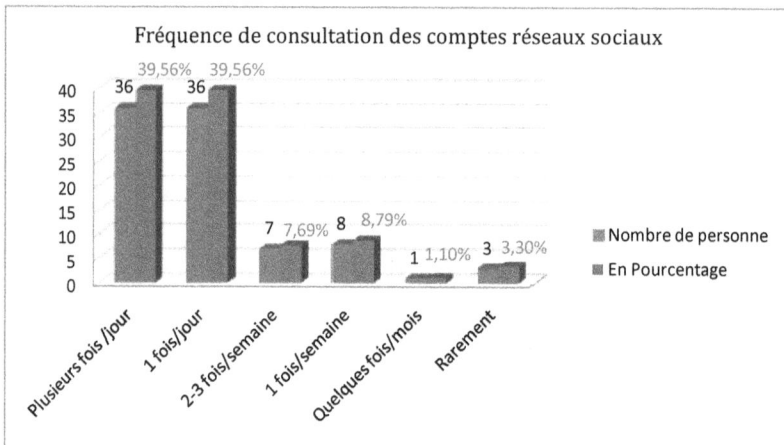

Fréquence de consultation des comptes réseaux sociaux

	Nombre de personne	En Pourcentage
Plusieurs fois /jour	36	39,56%
1 fois/jour	36	39,56%
2-3 fois/semaine	7	7,69%
1 fois/semaine	8	8,79%
Quelques fois/mois	1	1,10%
Rarement	3	3,30%

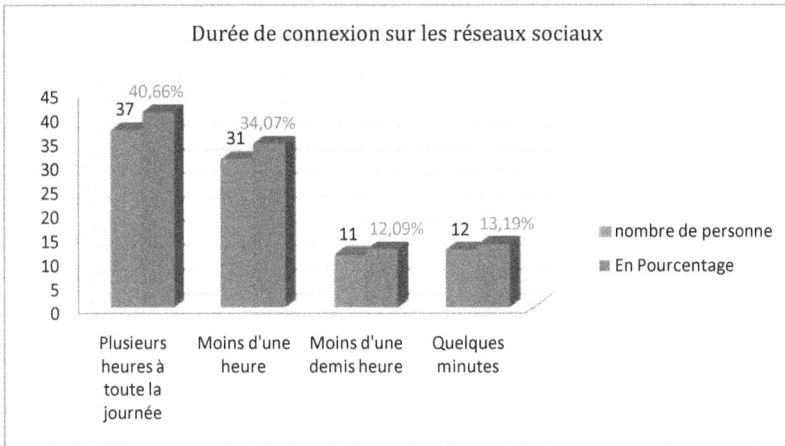

Durée de connexion sur les réseaux sociaux

Plusieurs heures à toute la journée : 37 — 40,66%
Moins d'une heure : 31 — 34,07%
Moins d'une demis heure : 11 — 12,09%
Quelques minutes : 12 — 13,19%

nombre de personne
En Pourcentage

Quand à la fréquence d'utilisation de ces sites communautaires pratiquement 40% des personnes qui détiennent un compte déclarent se connecter plusieurs fois par jours et le même pourcentage déclare se connecter une fois par jour. Or, pour ce qui est de la durée de connexion 41% déclarent y rester connecter plusieurs heures à toute la journée contre 34% qui déclarent s'y connecter moins d'une heure et 13% s'y connectent que quelques minutes. Donc si on compare avec les chiffres de connexion d'Internet il y a 41% d'étudiants qui restent connecter plusieurs heures à toute la journée que ce soit sur les réseaux sociaux ou les autres services d'Internet en général. Ce qui vient appuyer les estimations de janvier 2009 (source Médiamétrie-NetRatings) qui dit que les utilisateurs de Facebook y restent en moyenne 3heures connectés.

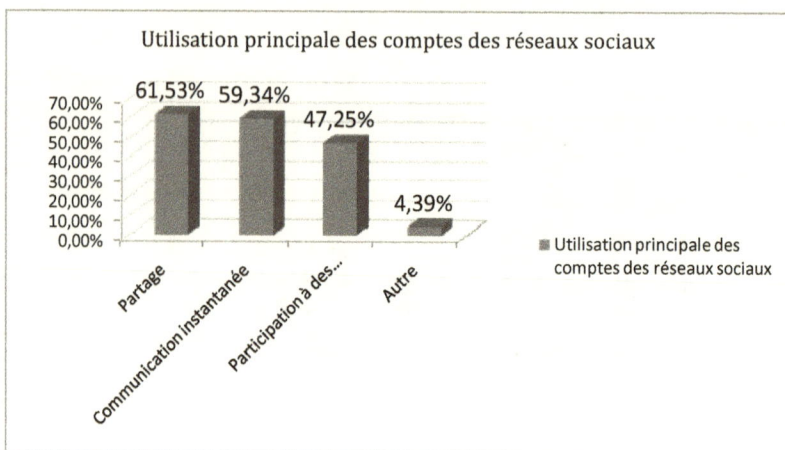

Utilisation principale des comptes des réseaux sociaux

L'utilisation des réseaux sociaux (en l'occurrence Facebook vu que c'est le réseau le plus utilisé) s'exprime par le partage avec un pourcentage de 62% et 59% de communication instantanée et 47% déclarent participer à des événements culturels ou sociaux. Les internautes ajoutent des contacts, en partageant des photos, des musiques ou des vidéos…. Toutes ces activités ont pour but d'approfondir ou d'élargir le cercle de relation (le cercle d'amis) s'appuyant sur le concept ¨ Nombre de Dunbar¨ : le nombre d'amis avec lesquels une personne peut entretenir une relation stable à un moment donné de sa vie est de 148 personnes[37]. Il semble que le lien social soit établi plus facilement sur la base d'intérêts communs qu'entre des gens inconnus sans intérêt partagé, bien que l'utilisateur du site de rencontre ait déjà pour objectif la rencontre.

Devant autant de personnes adhérentes aux réseaux sociaux et leurs fréquence et durée d'utilisation nous ne pouvons qu'en déduire que les étudiants d'architecture dépendent des réseaux sociaux, mais peut être cela s'explique par la création justement sur ces sites tels que Facebook de groupes qui sont en relation directe avec

---

[37] Colloque Mobilités urbaines et réseaux sociaux, conférence de J-P Simonnet : Les réseaux sociaux, de quoi parle-t-on ?, 10/2010, p6.

l'architecture (ex : le groupe de l'ENSAPV créé et géré par les étudiants de l'école, le groupe http://21eme-rue.blogspot.com qui met en ligne des articles et de reportages sur l'aménagement, l'architecture, et l'urbanisme, etc.), on peut débattre d'architecture, trouver une annonce de stage comme on peut trouver un bon plan sortie. A chacun sa motivation profonde.

4- *Dépenses et modes de déplacements :*

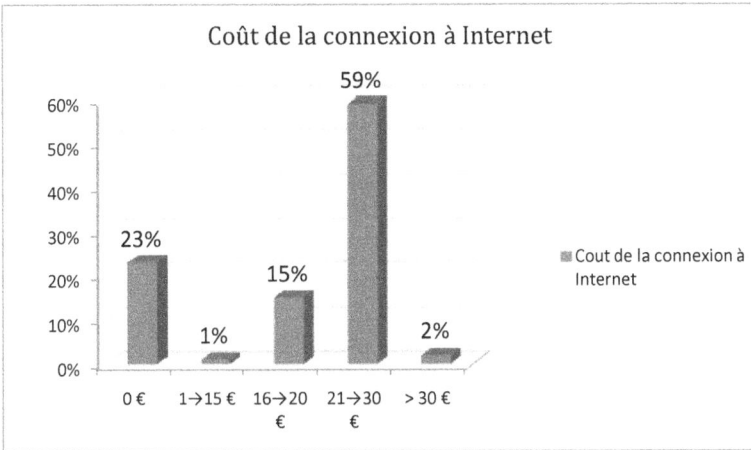

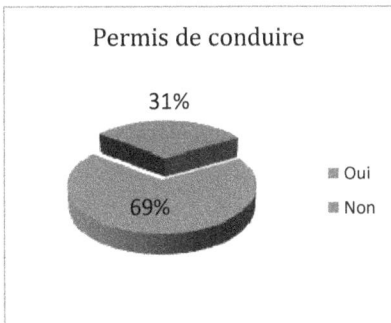

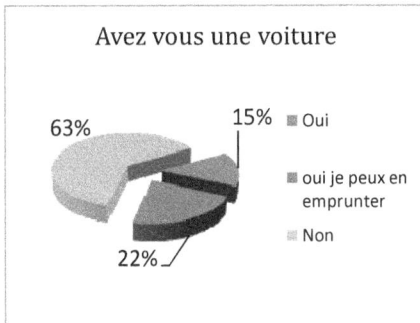

Coût de la connexion à Internet

Cout de la connexion à Internet

Tranche	Pourcentage
0 €	23%
1→15 €	1%
16→20 €	15%
21→30 €	59%
> 30 €	2%

Permis de conduire

- Oui : 69%
- Non : 31%

Avez vous une voiture

- Oui : 15%
- oui je peux en emprunter : 22%
- Non : 63%

Avez vous une moto, un scooteur?

88% 12% Oui Non

Avez vous un vélo?

58% 42% Oui Non

Le moyen de transport le plus fréquent

84,00%

90,00%
80,00%
70,00%
60,00%
50,00%
40,00%
30,00%
20,00%
10,00%
0,00%

3,00% 3,00% 7,00% 6,00%

Voiture Moto Vélo Transport Public A pied

mode de transport

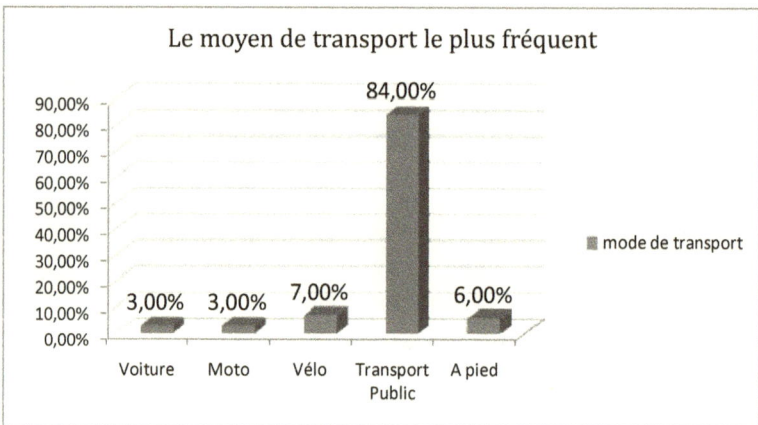

Si 69% des étudiants déclarent avoir un permis de conduire seulement 15% déclarent avoir une voiture et 22% déclarent pouvoir en emprunter une à l'occasion, mais ceux qui se déplacent réellement en voiture ne représente que 3%.

12% seulement déclarent posséder une moto ou un scooteur mais 3% seulement se déplacent quotidiennement avec. Quand au vélo 42% déclarent en avoir un mais seulement 7% l'utilise dans sa vie au quotidien. Avec 84% de pourcentage, le transport public reste le moyen le plus fréquenté par les étudiants. Face à une obligation d'économies la majorité des étudiants affirment pouvoir laisser de coté leurs propres moyens de transport individuel pour prendre le transport public.

Pour ce qui est de l'abonnement à Internet si 23% d'entre eux ne paient rien pour se connecter vu qu'ils vivent chez leurs parents (ou qu'ils soient à la charge de leurs parents ou ont un code d'accès Wifi gratuit), 59% d'entre eux dépensent entre 21 à 30euros par mois pour leurs connexions.

5- *Réseaux sociaux et manifestations publiques :*

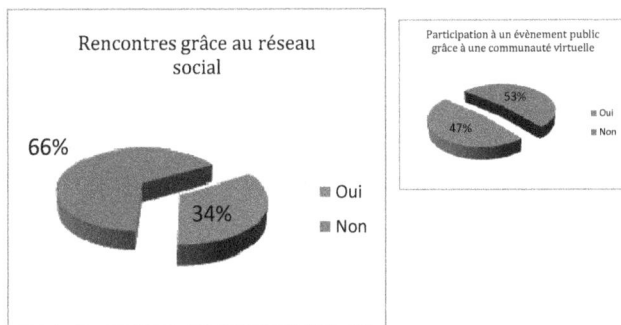

Lors de l'enquête 34% d'étudiants nous ont dévoilés qu'ils ont fait des rencontres grâce aux réseaux sociaux et en aparté deux étudiants avaient même affirmé avoir rencontré leurs compagnons lors d'évènements organisés par le billet d'un réseau social.

47% des étudiants déclarent avoir participé à des événements publics ceci vient confirmer le résultat de l'enquête des pratiques culturelles de 2008 où plus du tiers des français continuent à exprimer une très nette préférence pour les loisirs extérieurs à leur domicile (68% en 2008 contre 67% en 1997)[38]. Par rapport à ces 47%, on constate qu'il y a 62% de personnes qui ont participé à des pique-niques et apéros géant contre 48% qui ont assisté à des concerts, d'autres ont participé à des manifestations (16%) et d'autres à soirées et fêtes de tout genre.

---

[38] Olivier Donat, Les pratiques culturelles des français à l'ère numérique, page 33

Aujourd'hui sur Facebook, on trouve des groupes ou des pages qui partagent les bons plans du moment pour sortir sur Paris et en ile de France par exemple.

Mais ce qui est encore plus étonnant est que nous avons eu 2% qui participent aux événements en général qui ont aussi participé à un Flashmob, ce nouveau phénomène en vogue qui consiste à exécuter une chorégraphie ou s'immobiliser pendant quelques secondes à minutes sur un lieu donné et dont les instructions sont mis en ligne quelques jours auparavant pour créer l'événement et rassembler des personnes qui ne se connaissent pas vraiment. (Ce genre de phénomène est beaucoup utilisé par les ONG, des entreprises ou commerces qui veulent créer le BUZZ sur le net pour se faire une publicité gratuite, ou pour faire passer un message).

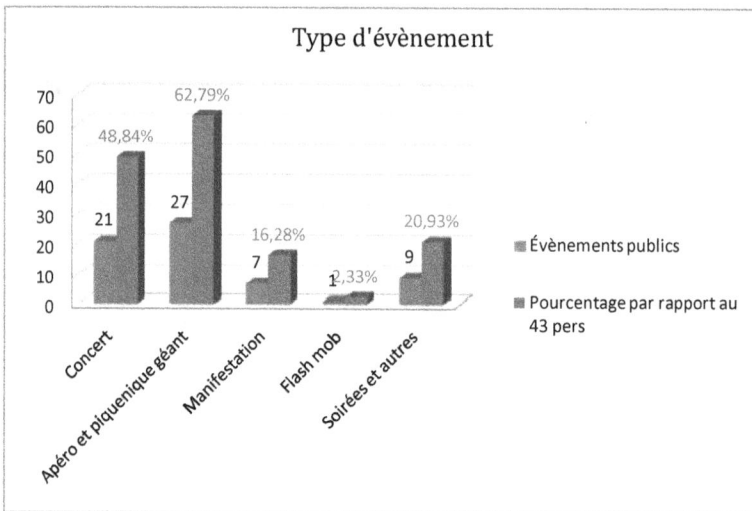

Type d'évènement

- Évènements publics
- Pourcentage par rapport au 43 pers

Concert — 21 — 48,84%
Apéro et piquenique géant — 27 — 62,79%
Manifestation — 7 — 16,28%
Flash mob — 2,33%
Soirées et autres — 9 — 20,93%

6- *L'influence des réseaux sociaux sur le déplacement :*

Par ces questions nous avions voulu voir à quel point les étudiants sont dépendant des réseaux sociaux et des nouvelles applications qui apparaissent chaque jour comme les nouveaux outils de géolocalisation : ex ; Places sur Facebook ou Foursquare qui peut être combiné à Twitter ou Facebook.

Comme on le constate seulement 34% des abonnés utilisent les nouvelles applications sur leurs téléphones mobiles et seulement 21% utilisent la géolocalisation cela peut s'expliquer par le fait que ces nouvelles applications ne sont pas souvent gratuites et plutôt payantes. Et vu le budget limité des étudiants ils ne le téléchargent pas, même si 43% d'entre eux trouvent que ce genre d'application peuvent être utile et certains avaient même ajouté comme commentaire que ça serait ¨Fun¨ de pouvoir se géolocaliser et géolocaliser ses amis en s'amusant à leurs faire des surprises.

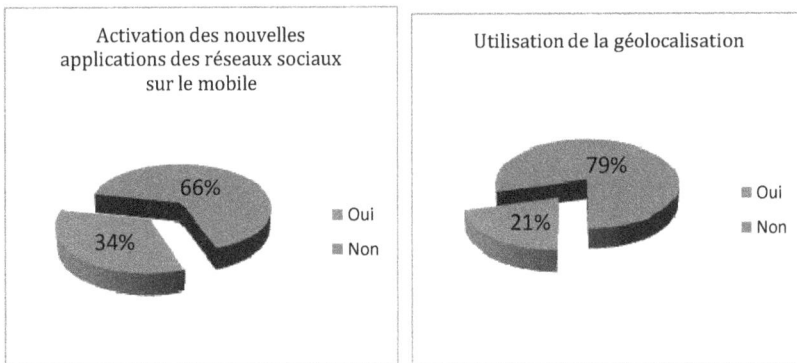

Par la suite on a imaginé des situations qu'on trouve fréquemment sur les réseaux sociaux et leurs influences sur la mobilité des étudiants.

A la situation où l'étudiant voit les dernières photos de vacances d'un de ses amis sur un réseau social 28% déclarent que ¨ça leur donne envie de partir en vacance et ils programment le même endroit pour leurs prochaines vacances¨, 31% déclarent que ça "leur donne envie de partir en vacances mais décident de partir ailleurs" et 36% déclarent "ne pas être influencé pour partir en vacances".

On relève ici que le partage de photo influence le choix de vacances car au final 59% seraient tentés de partir en vacance, ce qui génèrerait des déplacements.

A la situation où l'étudiant serait dans la rue et s'apprêterait à rentrer chez lui quand il reçoit une alerte sur son mobile affichant que son ami vient de se géolocaliser dans un café pas loin de lui, 43% déclarent partir voir l'ami contre 52% qui poursuivraient leurs chemins. Donc la géolocalisation influencerait le parcours d'un pourcentage non négligeable d'étudiants dans la ville.

Influence du partage des photos de vacances

- Partir au même endroit
- Partir en vacance autre part
- Ne pas partir
- Sans avis

36%
31%
28%
5%

* sans avis ce sont ceux qui n'utilisent absolument pas les réseaux sociaux ni d'une manière directe ou indirecte

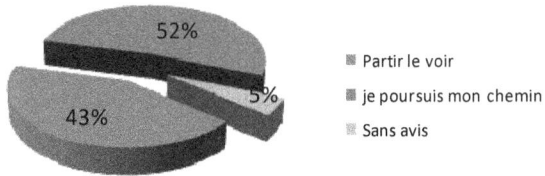

Influence de la géolocalisation d'un ami avec le mobile

- 52% Partir le voir
- 5% je poursuis mon chemin
- 43% Sans avis

* sans avis ce sont ceux qui n'utilisent absolument pas les réseaux sociaux ni d'une manière directe ou indirecte

A la situation, où un ami m'inviterait via un réseau social à participer à un évènement 20% ont déclaré participer vraiment, 65% ont déclaré qu'ils seraient intéressés et participeraient peut être mais cela dépendra de leurs disponibilité, et seulement 10% ont déclaré ne pas y participé du tout. Ce genre d'évènement peut être un concert, une manifestation urbaine festive (pique nique, apéro, etc.) ou manifestation engagée. Ce pourcentage dévoile le nombre important de participants probables qui sont nettement supérieur à ceux qui ne participent pas du tout (un total de 85%).

Participation à un évenement-invitation sur un réseau social

- Je confirme et je participe réellement
- Je choisis "peut être" et ma participation effective sera selon mes disponibilités
- Ne participe pas

10% 5%
20%
65%

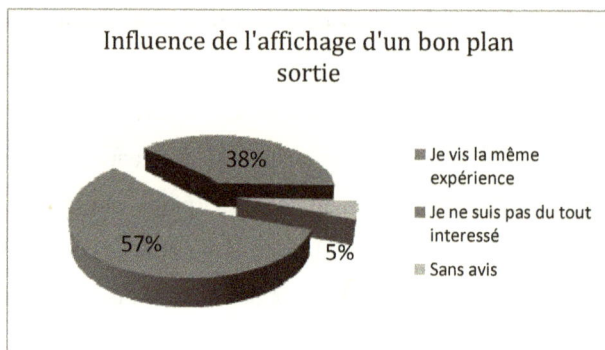

Influence de l'affichage d'un bon plan sortie

- Je vis la même expérience
- Je ne suis pas du tout interessé
- Sans avis

38%
57% 5%

A la situation, un ami affiche qu'il a passé une bonne soirée dans tel restaurant ou tel spectacle, 57% déclarent qu'ils iront vivre la même expérience contre 38% qui ne seraient pas du tout intéressé. Cela peut s'expliquer qu'on fait plus confiance à nos contacts pour nous passer des bons plans qu'aux publicités qu'on voit défiler sans cesse à la télévision et sur Internet. Et si nos contacts qui sont censés partager les mêmes intérêts que nous ont passé un bon moment, on a énormément de chance pour passer à notre tour une bonne soirée.

Donc le partage d'informations, de photos et de vidéos sur les réseaux sociaux par les contacts d'un individu influencerait son déplacement, son parcours dans la ville et son mode de vie, bien plus que la télévision, qu'internet et les autres médias.

3ème Partie: L'impact des Réseaux sociaux sur la mobilité

"Un homme est fait pour être mobile. Tout le malheur vient de l'immobilité.

On use les choses en étant immobile."Jacques Brel, Interview à la RTB, 1971

1- *Définition de la mobilité :*

Mobilité : nom féminin

- Propriété, caractère de ce qui est susceptible de mouvement, de ce qui peut se mouvoir ou être mû, changé de place, de fonction : Mobilité de la mâchoire. (Larousse.fr)

La mobilité existe dès l'origine de l'organisation des groupes humains, ils ont toujours dû conjurer la distance pour réussir à survivre et se développer en se mettant au contact des différentes réalités existantes. Seulement, le nombre d'objet matériels et immatériels en mouvement s'accentue depuis la révolution industrielle du 19ème siècle.

En parlant de la ville Georges Perec disait qu'il ne faut pas essayer de trouver une définition de la mobilité car ¨c'est beaucoup trop gros ¨ et qu'on a toutes les chances de se tromper, John Urry cite quant à lui la mobilité comme étant la boite noire des sciences sociales. Eric Le Breton explique[39] que la mobilité a longtemps stigmatisé le pauvre et ceci dès la Grèce et la Rome antique, imposant par exemple au condamné la privation des liens à la communauté le déracinement et l'errance, mais dans les sociétés contemporaines c'est l'inverse, car la mobilité garantie l'insertion et l'intégration sociale.

La mobilité est devenue un mode de vie à part entière, elle est en étroite relation avec les transports et le temps. Aujourd'hui on est face à une mobilité qu'on peut appeler SURMODERNE[40]. La mobilité ne se limite plus au déplacement physique et ne concerne plus que les populations mais aussi la circulation des produits et de l'image puisque on est de plus en plus dans une société d'hyper consommateur

---

[39] Eric Le Breton, Chapitre 9 : Mobilité, exclusion et marginalité, Le sens du mouvement, page 117

[40] Marc Augé, Pour une anthropologie de la mobilité page 7-8

surtout dans le domaine de l'information et de la communication, on veut pouvoir tout faire instantanément et sans bouger.

« Ce qui définit la mobilité, c'est moins la zone parcourue dans la proximité du domicile qu'un territoire dispersé auquel les géographes ont donné la figure de l'archipel. »[41]. Le déplacement est une expression essentielle de la mobilité, car c'est le départ pour habiter, mais aussi travailler ou se former, acheter, se distraire, aller au delà de la limite (frontière). Quand on parle de frontière on a deux visions qui se forment d'une part celle ou le permis s'achève et de l'autre celle ou l'interdit commence *« Les frontières ne s'effacent jamais, elles se redessinent »*[42] c'est une dimension temporelle une forme d'avenir car nous ne vivons pas dans un monde fini, achevé.

Ceci n'empêche pas d'avoir la sensation qu'on vit dans un monde plutôt ˮliquideˮ par la fluidité de la transmission de l'information. En peu d'années, la mobilité s'est imposée comme élément essentiel pour l'élaboration de stratégies et d'images, les politiques en font même le chapitre prioritaire de leurs mandats.

On a pu constater lors de l'étude; la dépendance des étudiants aux NTIC, et on avait concentré l'enquête sur le domaine qui intéresse le plus les jeunes : celui de la communication. On a pu ainsi démontrer le nombre important de connectés 100% et celui des utilisateurs des réseaux sociaux 91%.

Cela s'explique par la puissance des NTIC qui donne la capacité de pratiquer des activités sans se déplacer, on peut communiquer ou acquérir l'information sans être soumis à la contrainte du temps et de la distance, à la contrainte de déplacement dans l'espace urbain. La communication peut devenir ainsi continue, et la disponibilité de l'individu est plus souple.

---

[41] Bruno Marzloff, Mobilités- Trajectoires fluides page 9

[42] Marc Augé, Pour une anthropologie de la mobilité page 16

Je paragraphe ce que Thierry Breton à la tête de France télécom (2002-2005) disait : «*la demande de mobilité, simple au départ, devient aujourd'hui complexe. Le client nous demande de reconstituer partout son univers relationnel en lui assurant une continuité de service.* ». Le service de la mobilité, c'est d'abords la continuité du parcours dans la fluidité de l'information. Avec la puissance des terminaux mobiles actuels des NTIC, on n'a plus besoin de rester dans une pièce devant un ordinateur dit de bureau pour avoir l'information ou d'utiliser un téléphone fixe pour communiquer, avec les NTIC présents dans les nouveaux appareils ¨intelligents¨ tels que les Smartphone, on peut consulter son itinéraire directement, ou utiliser « Google Map » pour se déplacer dans l'espace réel. Ou se promener virtuellement dans les grandes capitales mondiales. Un étudiant en architecture n'a plus besoin de se déplacer pour apprécier l'architecture d'une ville ou d'un immeuble donné, il peut tout simplement les contempler de son ordinateur ou de son téléphone portable connecté (via l'application Street View par exemple).

Une enquête du Pew Internet & American Life Project à la fin 2004 a révélé que 45% des internautes adultes américains ont utilisé l'internet pour effectuer des visites virtuelles (maisons à acheter, musée, ou sites touristiques) avant de faire leurs achats.

La génération précédente de mobilité était celle du train et du tramway. Aujourd'hui on est face à une mobilité augmentée appuyée par une révolution numérique. La mobilité ne se pense plus sans le mobile (tel mobile plus précisément), 1,5 milliards de personnes dans le monde en sont équipées en juin 2004.[43] La fluidité du déplacement s'appuie aussi sur les nouvelles technologies ex : le passe Navigo fluidifie le passage du francilien plus qu'un autre voyageur possédant des tickets classiques.

Il s'agira dans cette partie de répondre à la problématique en s'appuyant principalement sur les recherches et l'enquête faite auprès des étudiants de

---

[43] Bruno Marzloff, Mobilités- Trajectoires fluides page 24

l'ENSAPLV. On étudiera les caractéristiques des NTIC, la Géolocalisation et leur impact sur la mobilité des étudiants et leurs rapports à l'espace.

On se demandera si les réseaux sociaux favorisent les déplacements des individus ou au contraire ils les figent dans une réalité virtuelle.

2- *Géolocalisation dans les réseaux sociaux :*

La géolocalisation ou géoréférencement est un procédé permettant de positionner un objet (une personne, une information...) sur un plan ou une carte à l'aide de ses coordonnées géographiques.[44]

La géolocalisation permet de connaître la position géographique exacte d'un individu, d'un lieu, ou d'un appareil. Cela peut se faire à l'aide d'un GPS pour des déplacements, mais aussi via un ordinateur, ou un téléphone portable. L'intérêt de la géolocalisation apparaît dans le cadre du partage de l'information.

De nombreux outils existent déjà, et utilisent des fonctions de géolocalisation. Par exemple, si vous recherchez un restaurant proche de chez vous, il vous suffit de saisir le type de cuisine recherché, ainsi que le lieu, et une liste de choix vous ai proposés (c'est le cas de cityvox, les pages jaunes, qype...etc.). Cela ne cesse de se développer et va devenir un facteur essentiel à l'avenir.

De plus en plus de réseaux sociaux utilisent des systèmes de géolocalisation. Avec l'arrivée de mobile de type Smartphones, sur lesquels il est possible de télécharger de nombreuses applications, Les ventes de Smartphones avaient augmenté de 30 % durant le dernier semestre 2009. Les estimations de ventes pour les années à venir sont plus qu'optimistes. Aujourd'hui, plus une journée ne passe sans croiser un individu qui l'utilise, qui dit Smartphone dit nouveaux usages. En effet, contrairement à un téléphone mobile -classique -, la navigation sur Internet est facilitée et le téléchargement d'applications (gratuites ou payantes) est devenu chose commune.

Les réseaux sociaux ont joué et jouent un rôle important dans la « relation » que les individus ont avec leur Smartphone. Facebook est l'application la plus téléchargée depuis la naissance de l'App Store.

---

[44] Wikipedia.fr

56

Vous pouvez utiliser le système de géolocalisation partout et pour de multiples raisons et je pense que l'on peut dresser une classification selon l'utilisation et l'utilité de la géolocalisation : utilisation personnelle, commerciale ou encore sociétale.

1 – Une géolocalisation sociale

Le cas de Facebook qui a lancé « Facebook Places ». Les utilisateurs de la version mobile de Facebook peuvent ainsi signaler à leurs "amis" l'endroit où ils se trouvent ; en retour, Facebook peut leur montrer quels contacts sont situés à proximité. Ou encore Foursquare qui permet aux utilisateurs de signaler leurs positions dans une ville, en diffusant le nom du lieu où il se trouve (bars, resto…etc) ils gagnent des points, des badges, et peuvent même devenir Maire virtuel. Un moyen ludique de signaler à ses amis où l'on se trouve.

Aux Etats-Unis, Microsoft propose une nouvelle application ¨We're In¨ pour géolocaliser ses cercles d'amis. Elle repose sur un concept inauguré par les réseaux Google Plus et Facebook. Il s'agit d'un service de géolocalisation collective, essentiellement destiné à des groupes d'amis. Ainsi Microsoft se veut fédérateur de la géolocalisation collective.

2 – Une géolocalisation facilitant la vie quotidienne

Un exemple celui de la RATP qui a expérimenté un système de guidage par Bluetooth sur son réseau pour les déficients visuels. Les résultats étaient concluants. Pour que ce système fonctionne, il faut installer l'application BlueEyes sur son mobile puis choisir le point de départ et celui d'arrivée. Le logiciel indique également s'il est nécessaire de prendre des correspondances et propose différentes combinaisons. Une fois s'être rendu à la station de départ, BlueEyes indique vocalement par oreillette ou visuellement sur l'écran la direction à prendre. Pour les malvoyants, les escaliers sont même indiqués et une alerte informe l'usager en cas de fausse route. Comme il s'agit d'un système en temps réel, cela implique qu'à chaque fois que l'on passe devant une borne Bluetooth, le logiciel est en mesure de réévaluer la position.

Cette technologie est à l'évidence bien utile pour des personnes victimes d'un handicap, mais la RATP souhaite étendre ces facilités à d'autres publics. Il y a les touristes étrangers et les personnes âgées souvent perdues dans la complexité du réseau. C'est pourquoi, la société compte généraliser l'implantation de bornes à l'ensemble des couloirs du métropolitain.

Un autre exemple celui de l'application "Rennes't a bike", une application gratuite sur iPhone (réalisé par Baptiste Rousseau) qui permet de visualiser le parc de Vélostar de la vile de Renne. Ainsi, il est possible de savoir si un vélo est disponible dans une station, ou de savoir s'il reste des places vides pour remettre son vélo.

Captures d'écran d'exemple de géolocalisation[45]

Une application et une utilisation de la géolocalisation d'une réelle utilité, à travers cet exemple de capture d'écran on peut constater le nombre de vélos disponibles dans les stations aux alentours de la localisation de l'individu.

Cependant la géolocalisation par le réseau 3G ne couvrant pas toutes les situations de mobilité. En particulier lorsque l'on est à l'intérieur d'un bâtiment, ex :

---

[45] http://lenumeriqueenclair.free.fr/index.php/tag/mobilite/

un centre de congrès, un aéroport, une gare, etc. L'Aéroport de Paris-Charles-de-Gaulle, Aéroports de Paris teste depuis trois mois un service de géolocalisation appelé ¨My Way Aéroports de Paris ¨ Disponible via une application Android, ce dispositif d'informations à l'intérieur des bâtiments s'appuie sur un réseau WiFi dédié, en complémentaire aux autres services d'informations disponibles en « outdoor ».

3 – Une géolocalisation à visée commerciale/marketing

La marque LEVI'S quant à elle a fait sa compagne publicitaire en Australie, par l'émission de Tweets. La compagne consistait à faire balader dans les rues plusieurs mannequins qui porteraient le dernier model de jean sorti et d'émettre des signaux un peu partout dans les rues (qu'elles viennent de se géolocaliser dans tel café ou telle rue) et le premier utilisateur Twitter qui serait le plus proche et arriverait à la voir avant les autres emporte le jean. Et c'était assez amusant ce coté ¨on s'amuse dans la ville¨ parce que les ¨Twitteristes ¨ étaient tous à l'affut de toutes alertes de géolocalisation.

Un autre exemple : ¨Ekitan ¨, une application japonaise qui facilite les déplacements en donnant des informations sur les transports. Elle sert aussi de guide de voyage. En renseignant son point de départ et d'arrivée, l'utilisateur renseigne son itinéraire. Des publicités ciblées lui sont alors envoyées mettant en avant des boutiques présentes sur son lieu de destination.

Ce qu'on a pu constater lors de l'enquête est que le nombre de personne qui utilise la géolocalisation était inferieur à celui qui la trouve utile, 21% contre 43% et on a tenté d'expliquer que certaines de ces applications restent payantes ce qui décourage l'étudiant à les télécharger. N'empêche les étudiant qui trouvaient que ça pouvait être utile avait aussi souligné le côté ¨fun¨ de l'application. Près d'un utilisateur de téléphone intelligent sur cinq se rapporte sur les réseaux sociaux géolocalisés, tels que Facebook Places, Foursquare, depuis son appareil mobile aux États-Unis, d'après une nouvelle étude comScore.[46]

Grâce à la géolocalisation, le parcours et le déplacement dans la ville ne reste pas figé mais bien au contraire cela pourrait amener à découvrir de nouveaux espaces que l'individu n'est pas forcément habitué à fréquenter. La géolocalisation peut être une réelle valeur ajoutée à un service. Mais si les internautes -ou plus récemment appelés ¨mobinautes¨-se mettent à l'utiliser seulement pour dire qu'ils sont dans tel endroit, ce n'est vraiment pas intéressant. Par contre, enrichir le contenu avec une photo, un avis, une notation semble plus riche. Il y a, en temps réel, un partage d'expérience.

Avec ce genre d'application la ville pourraient se transformer en un terrain de jeux tout en intégrant le virtuel au réel. La géolocalisation étant fortement lié aux réseaux sociaux et avec l'accélération constante du progrès, on peut prévoir à court terme, l'arrivée de nouvelles technologies de géolocalisation, qui banaliseraient celles utilisées actuellement.

---

[46] http://technaute.cyberpresse.ca/nouvelles/mobilite/201105/17/01-4400335-la-geolocalisation-via-les-cellulaires-est-en-hausse.php

3- *NTIC et réseaux Sociaux communication continue et interventions spatiales:*

On lit souvent que les NTIC nous plongent dans une société dématérialisée parce qu'ils *« abolissent l'espace et le temps»*[47]. Des scientifiques européens ont observé l'usage concret d'internet et leurs premières analyses montrent que la première fonction d'usage des NTIC *« est de renforcer les réseaux sociaux locaux. »*[48] Ce qui contredit la théorie selon laquelle on aimerait plus son lointain que son prochain. Mais ça soutient tout de même l'hypothèse de Bill Gates qui dit qu'Internet peut renforcer la diversité culturelle et inverser la tendance à une mondialisation de la culture sans que les utilisateurs puissent partager les mêmes valeurs communes.

Le cyberespace dérobe à la ville sa fonction de pole d'échange. Les NTIC nous permettent d'échanger dans un espace artificiel l'information sans être dans un espace réel équivalent à l'information. Ce qui nous permet de créer de nouveaux Réseaux d'échanges et de découvertes sans pour autant se déplacer. On constatera selon nos pourcentages que 40% d'étudiants affirment utiliser Internet pour communiquer avec les services administratifs et 44% affirment utiliser la télé-banque. Les NTIC ont permis une amélioration de mobilité et de la rapidité des services rendus.

Ainsi l'urbain est à réinventer en fonction de ces nouvelles technologies d'informations et de communication, *« et l'organisation socio- politique locale est à redéfinir, car la ville –toutes les villes- cessent d'être le centre d'une région agricole pour devenir une partie de la périphérie du global. Ainsi, le global devient le centre, tandis que le local devient périphérie. »*[49]. Par exemple le travail qui consiste à traiter l'information ne demande plus d'être concentré dans un territoire donné pour être effectué. Donc ce n'est plus l'entreprise privée qui doit se structurer au niveau local

47 Dr Blaise GALLAND, ″Espace virtuels : la fin du territoire ?″ page 39
48 Dr Blaise GALLAND, ″Espace virtuels : la fin du territoire ?″ page 40
49 Dr Blaise GALLAND, ″Espace virtuels : la fin du territoire ?″ page 40

pour fonctionner au niveau global mais c'est tout l'environnement construit qui est amené à se transformer en fonction de cette nouvelle donne. Les étudiants à 79% déclarent utiliser Internet pour s'informer et 80% d'entre eux pour travailler.

« Les TIC ne modifient pas fondamentalement la contrainte de proximité. En effet, les TIC permettent surtout de transmettre à distance les connaissances qui sont déjà codifiées.»[50] . Donc on peut facilement accéder à des bases d'informations d'une position distante comme consulter un mode d'emploi, une publication ou envoyer des images et des données. Comme le font les étudiants par le partage de données.

Alain Rallet dit que lorsqu'on utilise de nouveaux outils d'information dont les codes d'usage ne sont pas encore socialisés on puise dans le stock de connaissance d'une même communauté d'individus, ce qui vient appuyer ce que disait Galland en citant l'analyse faite sur l'université de Toulouse et l'EPEL selon laquelle les chercheurs communiquent jusqu'à dix fois plus entre eux qu'avec l'extérieur. Les étudiants ont affirmé à 68% qu'ils ne rejoignent des membres sur un réseau social que s'ils les connaissent déjà.

« Des sociologues et des philosophes ont établi la connexion entre réseaux techniques et sociaux en défendant la thèse d'une régénération des relations inter-individuelles. »[51] . Cette thèse pendant longtemps n'était qu'une intuition mais à présent elle repose sur des travaux et recherches qui arrivent à mettre en évidence le fonctionnement des réseaux sociaux.

Ces contacts connectés entre eux sont amenés à se rencontrer dans l'espace physique, dans une architecture donnée ou un espace urbain donné. Et l'enquête nous l'affirme, car on constate que 56% des étudiants ont effectué des rencontres dans l'espace réel grâce à des rencontres faites sur internet, quant à 34% ont effectué des rencontres lors d'événements urbains organisés par les réseaux sociaux.

50 RALLET Alain, L'impact des technologies de l'information et de la communication page 52
22 RALLET Alain, L'impact des technologies de l'information et de la communication page 53
51 GHORRA- GOBIN La figure du CYBORG dans le cyberespace. Page 274

4- *La mobilité des individus issue des réseaux sociaux et la pratique de l'espace :*

L'enthousiasme autour des NTIC, les internautes et mobinautes, laisse paraître la société comme éclatée car on est face à des flux de mouvements souvent contradictoires. Prenant en exemple le téléphone, aujourd'hui quand on téléphone à une personne sur son mobile on sait qui va répondre mais on ne sait pas dans quel lieu elle se trouve, contrairement au téléphone fixe qui lui relie les lieux. Avec ces NTIC souvent mobiles on est face à une abstraction de l'espace physique.

« Compte tenu de la dynamique des réseaux virtuels, le cyberespace peut être perçu comme un espace favorable à la dynamique du contre –pouvoir ou tout simplement la dynamique associative (ONG) »[52] . Ainsi les réseaux virtuels peuvent être utilisés comme moyen de propagande de mouvement d'action et ainsi faciliter les échanges de groupes de pressions créant le terme *cyber-propagande.*

Donc toute « mobilisation connectée » utilisant les réseaux de communications électroniques s'appuie sur des *newsletters* en utilisant : les pétitions online, l'envoie en masse de mails à des politiques, site web relatant des mobilisations. *« Ce type d'organisation est autant valable pour ATTAC (mouvement altermondialiste), que pour toute autre forme de mobilisation spontanée comme les FLASHMOBS »*[53], ces mouvements de masse de volontaires préalablement inscris sur un site spécialisé reçoivent peu avant l'heure H ou le jour J, un message fixant le lieu de rendez vous, et sur place ils convergent vers la cible visée et exécutent les consignes. Ce genre de mouvement ne dure que quelques secondes voir quelques minutes puis une fois finie les individus se dispersent. 2% des étudiants utilisant les réseaux sociaux déclarent avoir participé à un flashmob. *« S'il est difficile de dire que le cyberespace introduit*

---

52 GHORRA- GOBIN La figure du CYBORG dans le cyberespace. Page 277
53 GHORRA- GOBIN La figure du CYBORG dans le cyberespace. Page 277

de nouvelles formes de mobilisation, on admet qu'il amplifie des formes traditionnelles d'informations, de mobilisation, d'influence, voir de persuasion »[54]

Les résultats de l'enquête démontraient que 21% dés étudiants utilisaient la géolocalisation, ce chiffre serait amené à augmenter si on se base sur le pourcentage d'étudiants qui possèdent un téléphone mobile avec accès internet illimité (66%) surtout si ces applications devenaient plus abordables, car le sujet est loin d'être épuisé. 12,7 millions de personnes, soit 17,6%[55] des utilisateurs de Smartphone aux États-Unis, ont effectué des «check-in»56 [56]depuis un Smartphone au cours du mois de mars 2011.

A Tokyo un promeneur qui désire se distraire dans un quartier branché tel que Ginza, n'a qu'a passer son téléphone sur un code barre inscrit sur un plan pour découvrir les boutiques et les restaurants du quartier.

Les technologies redessinent une mobilité inédite, elles réguleraient la mobilité physique à une mobilité où domineraient les solutions numériques. Le numérique assure la continuité dans l'espace et le temps. La technologie ne réduit pas les déplacements bien au contraire elles les densifient. *« Hier, un individu se définissaient par sa résidence et par le territoire qui la cernait et qu'il pouvait parcourir. Aujourd'hui, on bascule du paradigme de l'attraction du domicile à celui de l'itinéraire. C'est la boucle qui fait le territoire. »*[57]

---

54 GHORRA- GOBIN La figure du CYBORG dans le cyberespace. Page 277

[55] http://technaute.cyberpresse.ca/nouvelles/mobilite/201105/17/01-4400335-la-geolocalisation-via-les-cellulaires-est-enhausse.php

[56] Terme américain désignant la géolocalisation

[57] Bruno Marzloff, Mobilités- Trajectoires fluides page 37

Les réponses données par les étudiants concernant les éventuelles situations de déplacement nous montrent que les applications sur les réseaux sociaux tels que partages de photos ou d'information d'un bon plan les amènent pour la majorité, à bouger à se déplacer animé par l'envie de vivre la même expérience. Car ils ont besoin de sortir de leurs quotidiens et vivre leurs espaces autrement.

Comme cité auparavant on fait plus confiance à une information d'une expérience vécue par un contact qu'une publicité dans les médias. Ainsi on peut expliquer cet engouement des étudiants pour les réseaux sociaux par la volonté d'un partage d'informations et de données.

De nouvelles formes de mobilités et de pratique de l'espace viennent s'ajouter aux formes traditionnelles, par exemple on connaissait les piqueniques en famille, voisins (la fête des voisins) ou encore amis, mais le nombre restait restreint parce qu'il concerne juste nos connaissances, nos proches.

Contrairement à ceux lancés par des groupes sur les réseaux sociaux , en organisant des piqueniques ou encore des apéros géants sur des places, ou parc de la ville, le nombre est important car ce ne sont pas des gens qui se connaissent mais, ce sont toutes les personnes qui seraient membres du groupe et qui pourrait en plus amener avec eux leurs contacts qui ne seraient pas forcément membres du groupe ou encore qui ne seraient pas du tout membres du réseau social.

L'enquête l'avait démontré avec les 4% d'étudiants qui déclaraient ne pas avoir de compte sur un réseau social mais qu'ils participaient aux manifestations urbaines publiques par le billet de leurs compagnes ou compagnons qui eux sont membres de réseaux sociaux. Moi-même j'ai participé à des pique-niques organisé par des étudiants de l'ENSAPV en Erasmus avant leur retour dans leurs pays d'origine sur le pont des arts par exemple. D'autres avaient organisé des soirées en postant des événements sur le réseau social et en y invitant les membres dont ils souhaitaient la présence. On est de plain-pied dans un espace de flux et une société de flux. Ces réseaux induisent une pratique originale de la ville et de ses espaces, ils suggèrent des rencontres encore impossible il y a quelques années, la société en réseaux rappelle les exigences d'une vie collective. Ces manifestations créent le temps de l'événement une autre manière de vivre l'espace.

Conclusion

Le cyberespace facilite l'échange, l'information et la communication entre les individus pour défendre une cause, pour créer une mobilisation car il permet de diffuser l'information à une plus grande échelle. Et ainsi il aide à amplifier le mouvement.

Les réseaux sociaux existant sur la toile ont pris en charge ce genre de fonctions car il y a une réelle conscience de leurs gérants qu'ils augmentent le nombre d'adhérents.

On a pu constater la dépendance des étudiants de l'ENSAPV à ses réseaux sociaux ainsi qu'aux nouvelles technologies de l'information et de la communication. Et la diffusion de ces réseaux couvre une partie non négligeable du globe. On ne va plus sur les réseaux sociaux juste pour se connecter mais aussi pour découvrir de bons plans de sorties, des événements publics auxquels on pourrait participer ainsi que des dates de manifestations ou concert sans compter les échanges et débats sur sujets qui nous intéressent, sur des vidéos ou articles qu'un contact aurait publiés.

Contrairement aux idées reçues ces réseaux sociaux ne cloisonneraient pas les individus dans des bulles virtuelles mais bien au contraire, ils enrichissent leurs relations et leurs contacts et apportent de nouvelles mobilités et de nouvelles façons de vivre l'espace de la ville. Rien qu'en prenant l'exemple des Flashmobs, apéros géant ou encore la géolocalisation, la ville devient un terrain de jeu gigantesque et qui est bien réel. Ainsi ils donnent à l'individu une nouvelle façon de s'approprier l'espace public et une nouvelle manière de se déplacer.

L'enquête auprès des étudiants de l'ENSAPLV nous a permis de bien cerné l'effet des Réseaux sociaux et des NTIC sur la mobilité de l'étudiant en architecture.

On a beaucoup évoqué les étudiants connectés aux réseaux sociaux, leurs dépendances, l'impact sur leurs vie et leurs déplacements et ils étaient en majoritaire

91% d'entre eux, mais il y'avait un pourcentage de 4% qui n'étaient pas connectés directement mais qui étaient impactés par les réseaux sociaux, contrairement à 5% d'entre eux qui ne sont pas du tout connectés à ces réseaux et dont n'ils ne subissent aucun impact. Comment réagissent ces étudiants non connectés ou indirectement connectés face à cet engouement pour les réseaux sociaux?

Si ces réseaux favorisent la mobilité des connectés, qu'en est-il de la mobilité des non connectés ?

On a pu voir que cette mobilité des étudiants ne se réduit pas à sa dimension technique qui est le transport mais plutôt à sa dimension urbaine. La question que l'on pourrait se poser en ouverture et dans une perspective de recherche est : Quelle gestion de la ville face à ces nouveaux événements urbains issus de la toile et particulièrement les réseaux sociaux? Quel impact sur l'aménagement, sur la ville et l'architecture ? Les villes de demain se développeront-elles assez pour créer une architecture et une ville connectée?

Complément de Recherche :

Introduction :

Les apéros, pique-niques géants, flash mob, etc. se multiplient de plus en plus grâce aux réseaux sociaux comme si nous vivions dans un monde sans fête et que ces manifestations qu'on peut considérer comme des ¨pseudos fêtes ¨ étaient le seul moyen pour l'individu de sortir de son quotidien, le cas étudié étant celui des étudiants de l'ENSAPV on peut expliquer cet engouement par la gratuité de l'évènement car jusqu'à présent ces manifestations urbaines (hors concerts) issues des réseaux sociaux n'ont pas un droit d'accès payant. Philippe Muray prend comme objet de critique « Paris Plage », les « Jeux Olympiques 2012 » ou les « raves parties» selon lui le phénomène festif contemporain, traduit l'état actuel du cadre sociétal où il n'y a plus d'histoire, plus de progrès, plus de contraintes, en particulier morales, plus de culture et où le mot d'ordre est « jouir de jouir » au sein d'une fête permanente.

Avec la révolution des NTIC les individus entretiennent des relations, s'amusent et travaillent différemment que par le passé. Le mode de vie est en mutation permanente en parfaite parallèle aux innovations des NTIC.

Le travail fait précédemment nous a dévoilé une nouvelle forme d'événements publics, de manifestations urbaines qui agissent sur les viles d'une manière éphémère mais qui malgré leurs caractères passagers ces dernières semblent paradoxalement s'installer de manière durable dans l'évolution de nos villes.

Ces manifestations urbaines agissent sur les espaces publics autrement par rapport aux actions urbaines connues et leurs gestions de l'espace public. Ce qui mène à cette problématique : L'éphémère de ces manifestations urbaines issues des réseaux sociaux crée il de nouvelles perspectives pour la gestion de l'espace public ? Quel impact sur l'aménagement de la ville et l'architecture ?

Afin de répondre à ces questions, on étudiera des exemples d'actions concrètes, menées par la ville ou autres acteurs.

Chapitre 1 : Evénements Urbains, contexte et définitions

1- *Contexte du développement des évènements urbains issus des Réseaux sociaux :*

Aujourd'hui on ne peut plus nier l'apport et l'influence des réseaux sociaux dans nos sociétés. Les réseaux sociaux sont expressifs dans la plus part des cas grâce aux jeunes et à la jeunesse qui leur font beaucoup confiance tous les jours. Le réseau social est devenu pour bon nombre d'internautes une famille.

Regroupant divers personnes de diverses nationalités, aux idées et sensibilités différentes, il est appelé le ¨pays virtuel ¨. Les ¨ citoyens ¨ de ce pays expriment leurs points de vue en toute liberté. Ils pratiquent des jeux et se défient entre eux. Le nombre d'inscrit sur ces réseaux dépassent largement la population de beaucoup de pays dans le monde, Facebook représente le leader incontesté des réseaux sociaux avec plus de 20 millions d'inscrits en France et presque 600 millions dans le monde entier.

Dans le cadre d'une étude commandée par le programme d'action Ville 2.0 à Sylvain Allemand, et en collaboration avec des géographes, urbanistes, sociologues, chercheurs, etc. Fabien Gérardin soulignait un résultat paradoxal de l'enquête : *« le succès d'Internet devait nous libérer des contraintes spatiales. Il faut bien constater que l'espace physique n'a jamais été aussi présent dans nos existences »* en donnant l'exemple de la prise de rendez vous qui se fait actuellement par divers moyens et qu'on peut facilement ajuster en fonction d'un retard éventuel.

Alain Rallet souligne *« avec le numérique, nous ne sommes donc pas dans l'invention d'un nouveau monde virtuel qui s'opposerait au monde réel, mais dans l'encastrement de relations virtuelles dans les réseaux sociaux »*. La question pour lui est alors de savoir *« comment la rencontre entre les réseaux sociaux et virtuels recomposent de nouvelles formes de socialité et ce qui en résultent en termes de lieux physiques, mais aussi de mobilités urbaines, de nouvelles circulations dans la ville »*.

Ces jeunes connectés qui considère le réseau social comme étant une famille sont amenés à se rencontrer dans l'espace Physique réel pour pratiquer le droit à l'accessibilité à l'espace public et à l'expression. Pour mieux cerner les manifestations urbaines issues des réseaux sociaux, on apporte un éclairage sur son cadre physique qui est l'espace public.

2- *Les espaces publics :*

Ce terme utilisé en premier lieu par Kant, le concept a été défini plus précisément par Hannah Arendt, en particulier dans Condition de l'homme moderne (1958) et dans La Crise de la culture (1961). L'usage de ce concept philosophique a toutefois rapidement été supplanté par le grand engouement qu'a connu son acceptation dans les sciences humaines et sociales.[58]

Il émerge dans une situation de crise générale de la ville produite par l'urbanisme dit « moderne ». A cette époque, l'espace public façonné durant les décennies de l'urbanisme moderne perd son sens en tant que lieu de communication, de vie collective et de la démocratie.

Lorsqu'on pense à l'espace public certaines images de la vile antique surgissent dans notre imaginaire en pensant au forum romain ou à l'agora grecque.

Il représente aujourd'hui l'ensemble des espaces de passage et de rassemblement qui sont à l'usage de tous, soit qui n'appartiennent à personne, soit qui relèvent du domaine public. A titre d'exemples, trois figures normatives de l'espace public sont fréquemment activées dans les discours urbanistiques pour produire des formes résidentielles d'espaces collectifs : la placette, la place et le boulevard urbain.

L'espace public prend une place sans cesse croissante dans l'organisation urbaine. Mais cette croissance n'est pas seulement quantitative mais aussi qualitative,

---

[58] Définition sur wikipedia.org

en cela qu'elle tend à perfectionner sans cesse l'emprise de l'espace public sur la vie sociale. En s'étalant à l'ensemble de la ville, l'espace public concerne toutes les populations urbaines, du centre ville à la périphérie. Ce réseau d'espace public permet à l'ensemble des citadins de passer de manière fluide de part et d'autre.

L'espace public contemporain propose une multiplicité d'espaces adaptés à chaque type d'usage, il y a des espaces pour les jeunes enfants, des espaces pour les adolescents, des espaces pour la circulation des actifs et des espaces pour la promenade des personnes âgées. L'accès pour personne à mobilité réduite est aussi pensé, etc.

La dimension sociale de l'espace public se porte donc bien, seulement si jusqu'à un passé récent l'espace public n'avait pas d'autres missions que de rendre spécialement possible les échanges entre les individus, désormais la mission de l'espace public est d'anticiper les usages surtout avec les changements liés aux NTIC, et de les facilités en les équipant d'éléments de confort (mobilier, éclairage, etc.), mais aussi de le délimiter dabs le territoire (bordures d'aires de stationnement, etc.)

3- *L'accessibilité par les manifestations urbaines : l'espace public est un droit à tous :*

Pour la réussite d'un événement urbain public en terme de fréquentation et de visibilité (car l'intérêt même de l'événement est certes de se retrouver mais aussi d'être vu) il ne suffit pas de s'appuyer sur le site lui-même. L'évènement a besoin d'autres éléments pour transformer l'espace public quotidien en espace de représentation, accueillant des expériences de consommation esthétiques dédiées aux loisirs. Il a en particulier besoin d'une accessibilité aisée. Trois types d'accessibilité sont considérés : l'accessibilité géographique, l'accessibilité symbolique et l'accessibilité par la **gratuité**.

Généralement, le site de déroulement de la manifestation se trouve au centre de la ville organisatrice. L'accessibilité géographique est donc généralement bonne. Quant à ceux qui choisissent de les organiser en périphérie choisissent des espaces publics facilement accessibles, depuis les quartiers environnants.

Chapitre 2 : Exemple d'évènements urbains

1- *La ville de Bordeaux – Projet "Fais ta ville "*

Pour organiser des événements créatifs grâce aux réseaux sociaux La Ville de Bordeaux a pris l'habitude de lancer un appel à projet original : "Fais Ta Ville" toujours dans le cadre de son projet de « Cité Digitale » pour promouvoir les usages innovants d'internet.

Cet appel s'adresse à tout habitant, âgé de 18 à 28 ans, de l'agglomération bordelaise. Les événements proposés doivent impliquer, au moyen des réseaux sociaux sur Internet tels que Facebook, une masse significative de personnes : au moins 1000 participants actifs (sans compter les spectateurs de passage). Cet ensemble d'action veut encourager la participation et l'engagement des jeunes Bordelais dans la vie de la Cité. Il s'appuie sur le développement des réseaux sociaux, qui permettent de mobiliser une grande quantité de personnes sur un temps et un lieu donnés et de créer dans l'espace de la Ville des manifestations originales et populaires.

La ville lance l'appel en exprimant le souhait de faire bouger la ville par les jeunes et les événements qu'ils souhaitent organiser, Les projets devaient avoir un caractère ludique, festif, sportif, culturel. L'événement devait être gratuit et sans obligation d'achat et tenir compte des préoccupations liées au développement durable.

Pour la session de 2011, le jury de la séance plénière du Conseil des jeunes de Bordeaux a désigné les lauréats de cet appel à projets le 26 mars 2011. Et les lauréats étaient :

- *Le projet In'Skate Show* :

L'In'Skate Show est un concours de skate organisé au skateparc des Chartrons situé sur les quais, en bordure de la Garonne. En 2011, il a eu lieu le 9 avril. Ses précédentes éditions ont rassemblé plus de 800 personnes.

- *Street Battle* :

Proposé par la compagnie H²nOus, un "Street Battle" de danse hip hop est prévu à la mi-mai 2011. Les spectateurs seront invités à décerner le prix du public.

La session 2010du projet avait débuté par un petit événement festif, un "*flashvote*", au cours duquel deux cents jeunes passants votèrent simultanément par SMS sur 17 propositions d'actions concrètes élaborées par le conseil des jeunes de Bordeaux. Toute la jeunesse de la ville a ensuite pu se prononcer, par un site classique et via une application Facebook conçue pour l'occasion, sur ces actions couvrant tous les champs de préoccupation, depuis l'emploi jusqu'au développement durable en passant par le logement, la fête, la santé, la solidarité. Les 1 854 participations au questionnaire ont permis d'identifier 4 priorités des jeunes.

Par son action la Mairie de Bordeaux accompagne les porteurs des projets et facilite les autorisations nécessaires. Elle met éventuellement à disposition des organisateurs des infrastructures légères d'abris et de balisage. Elle participe à la préparation des événements et contribue également à la médiatisation avant et après l'opération.

Pour bien différencier ces propositions des "apéros Facebook" qui ont produit de nombreux effets négatifs, ces événements proscrivent toute consommation d'alcool sous une quelconque forme.

2- *MP3 experiment Agitato à Rennes :*

Le Mp3 experiment agitato est un flashmob qui a été organisé à Rennes l'année dernière. Un fichier audio avait été préparé pour l'occasion par le cercle culturel du Triangle, organisateur de l'évènement. Les participants étaient invités à le télécharger sur un lecteur MP3 et à se réunir Place de la Mairie. A la même heure, chacun devait appuyer sur Play au même moment. Ils étaient alors embarqués dans une aventure collective, guidés par une voix leur dictant des actions. Le concept est le même que celui lancé par Improv Everywhere dans différentes villes des États-Unis.

La principale problématique pour l'organisation était d'arriver à tout minuter. Le flashmob devait être écrit comme une partition, d'où la difficulté à le mettre en place. Le Triangle s'est appuyé sur les réseaux sociaux pour organiser l'évènement, mais pas seulement. Si leur potentiel viral est considérable, la complexité de l'évènement rendait difficile sa compréhension en quelques mots sur **Facebook**.

Une double page a donc été ajoutée au programme du triangle et un espace dédié sur le site était accessible pour mieux l'expliquer. Un ciblage a été fait pour compléter auprès de différentes populations enclines à aimer ce genre de manifestation : arts du spectacle, école de commerce, réseau des organisateurs...

Faire passer le message passait par une explication orale, ce qui a été fait le plus possible. Cela a permis d'être relayé sur Facebook de manière plus conséquente et plus claire. Le public présent était hétéroclite, il y avait aussi bien des enfants que des personnes âgées.

Au total, 350 personnes étaient présentes le jour J. Deux fichiers MP3 avaient été mélangés lors du téléchargement (surprise !) pour créer deux groupes qui pouvaient interagir. La foule a été amenée à se déplacer dans la ville pendant une heure.

Les meilleurs moments ont ensuite été diffusés dans un bar, mais seules 70 personnes se sont déplacées, preuve du côté éphémère de ce genre d'évènement. Par souci de sécurité, une demande d'autorisation avait été faite auprès de la Ville de Rennes.

3- _Créer l'évènement par les réseaux sociaux :_[59]

De plus en plus de marque ont compris le concept pour faire le Buzz et faire un coup médiatique pour leur produit ceci en interagissant l'individu connecté via les réseaux sociaux dans la ville et dans l'espace public en général voici quelques exemples :

3.1. Levi's :

On avait cité dans la partie précédente la compagne de Levis opération (iSpyLevi's : J'espionne Levi's) qui a eu lieu en Australie. Son principe est simple : des mannequins, employés de Levi's se promènent dans Melbourne et Sydney. Elles ont un iPhone, et donnent sur Twitter, des indices précisant l'endroit où ils se trouvent. Si une personne les repère, il suffit de leur dire : Ce sont des Levi's ? Pour qu'aussitôt elle gagne un jeans Levi's. Et ce jean, c'est le mannequin qui vous le donne en retirant celui qu'elle porte. Résultats du film : 1450 followers de plus sur

---

[59] http://arostain.cluster010.ovh.net

Tweeter, un gros buzz (300 000 personnes exposées à la campagne sur Tweeter), 200 jeans distribués. L'opération sera généralisée à Perth et Auckland.

3.2. Le Coca- Cola Village :

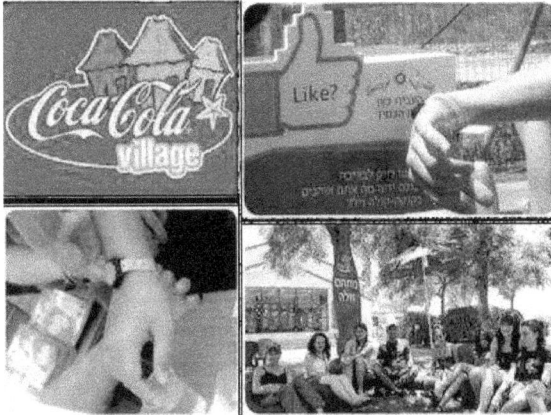

Tous les ans Coca-Cola organise un Campus Village en Israël. Une sorte de village vacances avec piscine à vagues, toboggan, terrain de volley… Mais cette année les participants avaient en plus un bracelet RFID connecté à leur compte Facebook. Les participants pouvaient « liker » (aimer) ou non les diverses activités proposées, et le faire savoir à leur communauté online via des bornes situées à chaque activités. Mais aussi de «updater» leur profil, ou encore de se «tagger» sur les photos prises par des photographes du village. Résultats : 10 000 jeunes participants sur 3 jours et 30 000 updates de statuts, plusieurs centaines de photos taguées.

Cette virtualisation du quotidien semble fonctionner parfaitement auprès de ce public jeune qui porte une grande considération à son identité virtuelle. Ce dispositif de Facebook "Real Life" Like semble être voué à un bel avenir, on se demanderait même si on n'est pas face à un nouveau mobilier urbain connecté.

3.3. Le Facepark de Diesel :

Diesel crée un facepark à Berlin : un parc à thème qui permet aux fans Facebook de la marque de se rencontrer In Real Life. Le public a pu, le temps d'un après-midi, évoluer dans une parodie « stupide » de Facebook : en plus de devoir porter un wall (un mur), le public pouvait jouer dans un vrai Farmville ou Mafia Wars des applications existantes sur Facebook , tout en échangeant avec les autres fans ou en assistant aux concerts.

Occupé l'espace tout en s'inspirant de la vie virtuelle, prend de plus en plus une grande part dans la société contemporaine.

En 2011 lorsqu'on parle de commerce électronique, les nouvelles tendances marketing sont rapidement mises de l'avant. Le commerce mobile, ou m-commerce, se développe à grands pas, avec les applications iPhone.

Ces différentes tendances ont un point commun important : la place qu'elles accordent au lieu. Même à l'heure de la virtualisation, le lieu reste un élément crucial, essentiel, des relations commerciales. Du fait de l'intensification des échanges électroniques, le monde physique a moins la cote, mais nous ne pouvons y échapper. La notion de lieu finit toujours par s'imposer.

La gestion des données géospatiales apparaît donc comme un enjeu majeur dans l'ensemble des processus commerciaux, de la production à la distribution, en passant par la gestion des inventaires et le service à la clientèle.

4- *La mutation de l'espace à travers la réalité augmentée :*

On connaissait les nombreuses applications liées à la réalité augmentée (être immergé dans un jeu ou dans un lieu, s'habiller virtuellement, présenter des produits en magasin…). Cette technologie poursuit son développement dans d'autres univers, tout en interagissant avec les réseaux sociaux dans l'espace.

4.1. Faire ces courses dans le métro :

Tesco est le numéro 2 de la grande distribution en Corée du Sud derrière E-Mart. Ils se sont fixé comme objectif d'être les numéros 1 sans avoir plus de magasins. Une étude a révélé que les coréens passent beaucoup de temps au travail et qu'ils n'aiment pas le perdre à faire leurs courses. Alors Tesco a eu l'idée d'amener les magasins aux Coréens. Dans le métro, de grandes affiches ressemblant à des rayons ont remplacé les publicités. En attendant le métro, les gens peuvent scanner avec leur téléphone les codes barres des produits qui les intéressent et se faire livrer à domicile à leurs arrivées chez eux. En un mot un gain de temps immense.

4.2. Hand from Above :

Une main géante qui joue avec vous dans la rue

Une main au-dessus nous incite à remettre en question notre routine normale lorsque nous nous retrouvons souvent courir d'un endroit à un autre. Inspiré par terre des géants et Goliath, on nous rappelle des histoires mythiques par malicieusement libérer une main géante à partir de l'écran de la BBC Big. Piétons sans méfiance sont chatouillés, tendus, déviés ou retirés entièrement en temps réel grâce à la projection sur un écran géant sur l'espace public en employant la réalité augmentée.

Une initiative conjointe de co-commission entre FAIT : Fondation pour la Technologie Art & Creative et le conseil municipal de Liverpool pour la BBC Big Screen Liverpool et le Réseau des sites en direct.

D'autres exemples :

- Pour inciter les gens à jouer à la loterie au Canada, le piéton qui se positionne devant la vitrine de LOTTO Max au Canada se voit appliquer directement des éléments virtuels comme des lunettes de soleil, un parachute dans le dos…L'idée étant de faire passer le message suivant : jouez et vous pourrez réaliser tous vos rêves.

- Pour promouvoir l'installation d'écrans BBC retransmettant la chaîne un peu partout en Angleterre, un système de réalité augmentée permet aux passants de se voir sur l'écran où une main vient les toucher, les attraper ou les réduire.

- Twitter 360 est une nouvelle application en connexion avec le réseau social, spécialement développée pour l'iPhone 3GS, qui permet de visualiser la position des amis Twitter dans l'environnement proche, grâce à une fonctionnalité de réalité augmentée utilisant la caméra de l'iPhone. Cette application est l'une des premières sur iPhone à utiliser la nouvelle fonctionnalité mise en place par Twitter permettant de géotagger les tweets. Il s'agit en fait d'ajouter à chaque tweet des informations sur la position géographique.

Ce qu'on pourra constater est que l'implication de la réalité augmentée dans nos vies va changer considérablement l'image de la ville par la création de nouveaux aménagements, de nouveaux mobiliers urbains qui seront virtuellement réels.

Conclusion :

A travers les exemples cités on constate que les institutions tentent de suivre l'évolution rapide des NTIC, des réseaux sociaux et des évènements urbains publics qui en découlent.

Ces institutions tentent de cerner les effets néfastes des évènements spontanés qui se sont produits par le billet des réseaux sociaux et qui n'étaient pas encadré, car difficile dans ce cas de figure de trouver l'organisateur de l'évènement puisque issu d'une proposition sur un groupe de réseau social.

L'implication de la réalité augmentée dans la ville qui se développe et se diversifie rapidement conduira à de nouveaux aménagement à un nouveau mobilier urbain. L'image de la ville et de l'architecture changera considérablement, elle ne sera plus plate mais passera à la 4ème dimension en intégrant une réalité virtuelle.

On a vu dans le cas de la ville de Bordeaux l'interdiction de la consommation d'alcool qui est considéré comme le premier élément dé-générateur lors de ¨petit¨ incidents engendrés dans certains apéros facebook et dans certains cas de dégradations de la voie et de l'espace publics.

La politique de la ville en matière d'urbanisme devra évoluer suivant les nouveaux phénomènes certes éphémères mais qui s'installent dans la durabilité, proposer des aménagements propices au rassemblement éphémère mais qui sert dans la dynamique de la ville au quotidien, penser à de nouvelles architectures ¨connectées¨ semble la solution. Mais cela sera il suffisant pour cerner et gérer ce genre d'évènement ?

L'évènement en lui-même plait parce qu'il est né d'une envie spontanée et individuellement commune non pas d'une institution donnée, dans ce cas parviendra il à participer à la gouvernance urbaine et la fabrication de nouveaux territoires ?

Compte tenu de l'allure à laquelle se développe le cyberespace les données recensées deviennent rapidement obsolètes. Un travail de recherche continue serait approprié afin d'apporter des éléments de réponses pour construire et habiter nos villes de demain.

Questionnaire sur la pratique des réseaux sociaux issus des NTIC

Ce questionnaire a pour objectif de mieux connaître les pratiques des réseaux sociaux issus des nouvelles technologies de l'information et de la communication dans le cadre d'un travail de statistique. Merci d'avance de bien vouloir y répondre.
(Décembre 2010)

PARTIE 1 : QUI ETES VOUS ?

1-1 Genre ☐ Masculin ☐ Féminin
1-2 Année de naissance .... Nationalité ....
1-3 Vous vivez : ☐ Chez vos parents ☐ En collocation ☐ En cité universitaire
☐ Logement personnel ☐ Autre ....
1-4 Etudes suivies en 2010/2011 :
☐ BAC ☐ L1 ☐ L2 ☐ L3 ☐ M1 ☐ M2 Filière
Lieu d'étude
1-5 Avez-vous le permis de conduire ? ☐ Oui ☐ Non
1-6 Disposez-vous d'une voiture ? ☐ Oui, personnelle. ☐ Oui je peux en emprunter à l'occasion ☐ Non
1-7 Disposez-vous d'un scooteur, moto ? ☐ Oui ☐ Non
1-8 Disposez-vous d'un vélo ? ☐ Oui ☐ Non
1-9 Quel est votre mode de transport le plus fréquent ? ....

PARTIE 2 : CONNEXION INTERNET.
2-1 Avez-vous une expérience avec la connexion internet ? ☐ Oui ☐ Non

2-2 Vous vous connectez à Internet environ :

☐ Plusieurs fois par jour ☐ 1 fois par jour ☐ 2-3 fois par semaine

☐ 1 fois par semaine ☐ Quelques fois par mois ☐ Rarement

2-3 Pendant combien de temps par jour utilisez vous Internet ?

☐ Plusieurs heures à toute la journée ☐ Moins d'une heure ☐ Moins d'une demis heure

☐ Quelques minutes

2-4 Vous vous connectez à Internet : (plusieurs réponses possible)

☐ Chez vous ☐ Chez vos proches et amis ☐ Sur votre lieu de travail ou d'étude

☐ Dans les lieux publics dotés de connexion Internet (bibliothèques, cybercafé, etc.)

2-5 Combien dépensez vous par mois pour votre connexion Internet ? .... Euros

PARTIE 3 : USAGE D'INTERNET.

3-1 Quel est votre usage principal d'Internet ? (plusieurs réponses possibles) (si vous n'utilisez pas internet allez directement à la partie 3-5)

☐ Information ☐ Travail ☐ Education ☐ Loisir ☐ Contact ☐ Autre ....

3-2 Quel service utilisez vous sur Internet ? (plusieurs réponses possibles)

a- Recherce des informations générales : ☐ Actualité ☐ Service d'éducation.

b- Communiquer avec des personnes connues(proches amis) : ☐ Emailing ☐ Téléphoner

c- Communiquer avec une communauté :

☐ Communauté virtuelle   ☐ Messagerie instantannée ☐ Blog   ☐ Site de rencontre ☐ Forum

d- Me faciliter la vie :

☐ Télé- Banque   ☐ Achat de voyage, titres de transport et billeterie   ☐ Sevices administratifs

☐ Consulter mon itiniraire de déplacement   ☐ Autre Achat des choses diverses

3-3 Si vous deviez vous passer d'Internet quel est ou quelles sont les services qui vous manqueraient le plus. ? -

3-4 Avez-vous déjà effectué une rencontre face à face par l'e-mail, communauté virtuelle, messagerie instantannée ?
Oui ☐   Non☐

3-5 Si vous n'utilisez pas Internet c'est que :

☐ Pour disposer d'Internet il faut un ordinateur et des équipements chers.

☐ Internet est trop cher à utiliser. (abonnement)

☐ Internet n'est pas utile pour la vie quotidienne.

☐ Internet ne protège pas assez les données personnelles.

3-6 Avez-vous un forfait de téléphone portable?   ☐ Oui   ☐ Non

a-   Si Oui : Avez-vous choisis votre forfait avec acces Internet illimité ? ☐ Oui   ☐ Non

a-a Si Oui était ce votre motivation principale pour contracter ce forfait ? ☐ Oui   ☐ Non

---

PARTIE 4 : RESEAUX SOCIAUX ET LEURS USAGES

4-1 Etes vous membre d'une communauté virtuelle, réseau social ?   ☐ Oui   ☐ Non

4-2 Si oui le quel: (plusieurs réponses sont possibles)

☐ Facebook   ☐ Twitter   ☐Viadéo ☐ Copainsd'avant ☐ Flickr ☐ Myspace   ☐ Linked in

☐ Autre ....

4-3 Etes vous membre de médias sociaux : (plusieurs réponses sont possibles)

☐ Youtube   ☐ Dailymotion ☐ Skyrock   ☐Autre ....

4-4 Si vous etes membres d'une communauté virtuelle connaissez vous déjà les membres avant de les rejoindre ?

☐ Oui   ☐ Non   ☐ Autre ....

4-5 Quelle est la fréquence de consultation de votre compte réseau social ?

   ☐ Plusieurs fois par jour   ☐ 1 fois par jour   ☐ 2-3 fois par semaine

   ☐ 1 fois par semaine   ☐Quelques fois par mois   ☐ Rarement

4-6 Pendant combien de temps par jour restez vous connecter sur votre compte?

   ☐Plusieurs heures à toute la journée   ☐Moins d'une heure   ☐Moins d'une demis heure

   ☐Quelques minutes

4-7 Quelle est votre utilisation principale de votre compte social: (plusieurs réponses possible)

☐ Partage ☐ Communication instanatnnée ☐ Participation à des évenements culturels ou sociaux

☐ Autre..

4-8 Avez-vous déjà participé à un évenement public sollicité par une communauté virtuelle ?

☐ Oui ☐ Non

4-9 Quel genre d'évènement ?

☐ Concert ☐ Picnic, apéro géant ☐ Manifestation ☐ Autre ....

4-10 Avez-vous déjà rencontrer face à face des membres -que vous ne connaissiez pas -grâce au réseaux sociaux ?

☐ Oui ☐ Non

4-11 Activez vous les nouvelles applications de réseaux sociaux sur votre téléphone portable ?

☐ Oui ☐ Non

4-12 Avez-vous déjà essayé de géolocaliser vos amis par l'activation d'application des réseaux sociaux ?

☐ Oui ☐ Non

4-13 Pensez vous que ce genre d'application soient utile ? ☐ Oui ☐ Non

4-14 Quelques situations possibles : Que faites vous ? (une seule réponse possible à chaque fois)

a- Mon ami partage de belles photos de ses derniers vacances ...

☐ Ça me donne envie de partir visiter le même endroit et je le programme pour mes prochaines vacances

☐ Ça me donne envie de partir en vacances à mon tour mais je choisis d'aller ailleurs.

☐ Ça n'interfère pas du tout dans mon choix.

b- Je suis dans la rue, je rentre chez moi, je reçois une alerte sur mon portable mon ami vient de se géolocaliser dans un café pas loin...

☐ Je change de direction et je vais le voir.

☐ Je ne vais pas le voir et je poursuit mon chemin.

c- Mes amis m'invitent à un évènement sur un réseau social (concert, apéro, picnic, manifestation)...

☐ Je clique sur participe et je participe vraiment.

☐ Je clique sur participe peut être et je verrais plustard selon mes disponibilité.

☐ Je ne participe pas.

d- Mon ami partage sur son statut qu'il a passé une bonne soirée dans tel restaurant ou tel spectacle et vante ses mérites ...

☐ Ça me donne envie de vivre la même expérience à mon tour et j'y vais aussi.

☐ Je ne suis pas du tout interessé(e).

Je vous remercie d'avoir bien répondu au questionnaire. Bonne continuation. .

Bibliographie :

AUGE Marc, Pour une anthropologie de la mobilité, Paris, Ed Payot& Rivages, 2009, 91 pages.

KAPLAN Daniel&All, La ville 2.0 plateforme d'innovation ouverte, France, Ed FYP, 2011, 37-67 pages.

DELBAERE Denis, La fabrication de l'espace public- Ville, paysage et démocratie, France, Ed Ellipses, 2010, 186 pages.

GALLAND Blaise, ¨Espace virtuels : la fin du territoire ?¨, Techniques Territoires et Sociétés, N°37, 2005, pages 37-41.

GHORRA- GOBIN Cynthia, La figure du CYBORG dans le cyberespace : Mythe techniciste ou espaces publics émergents ? Techniques Territoires et Sociétés, N°37, 2005, pages 273- 279.

GROSSETTI Michel, La ville dans l'espace des réseaux sociaux. La ville aux limites de la mobilité, Paris, Presses Universitaires de France, avril 2010, pages. 83-90.

HOSSARD Nicolas&Al, C'est ma ville ! De l'appropriation et du détournement de l'espace public, Ed Harmattan, France, octobre 2005, 286 pages.

JAUREGUIBERR Francis Y, lieux publics, téléphone mobile et civilité, Techniques Territoires et Sociétés, N°37, 2005, pages 245- 252.

KAUFMANN Vincent, LES PARADOXES DE LA MOBILITÉ : Bouger, s'enraciner, Ed Presses polytechniques et universitaire romandes, collection le savoir suisse, 2008, 115 pages.

MIRANDA M., CERMAKOVA E, « L´impact de l´événementiel dans le développement touristique des villes: typologies, effets spatiaux et représentation des territoires », in Bulletin de l'Association de géographes français: Géographies, ISSN 0004-5322, Vol. 86, N°. 3, 2009, pp. 388-397.

MURAY Philippe, Festivus, festivus, Paris éd. Fayard, 2005, Paris, 485 p

NICOLAS Jean-Pierre & All, Mobilité urbaine et développement durable : quels outils de mesure pour quels enjeux ?, Article publie dans les cahiers scientifiques du transport, N°41, 2002, PP. 53-76.

ORFEUIL Jean-Pierre, Une approche laïque de la mobilité, Ed Descartes& Cie, 2008, 173 pages.

PIOLLE Xavier. Mobilité, identités, territoires/ Mobility, identities, territories. In: Revue de géographie de Lyon. Vol. 65 n°3, 1990. Pages 149-154.

RALLET Alain, L'impact des technologies de l'information et de la communication sur la localisation des activités de recherche et d'innovation : vers la fin des effets de proximité ?, Techniques Territoires et Sociétés, N°37, 2005, pages 51- 58.

RALLET Alain, TORRE André. Proximité et localisation. In: Économie rurale. N°280, 2004. pp. 25-41.

RAULIN A, Anthropologie urbaine, Paris, éd. Armand Colin, 2004, 188 p.

RICHELLE J-Luc, les équipements nomades dans l'espace social, AGORA N° 13 : JEUNES ET MOBILITE URBAINE 3ème TRIMESTRE 1998, pages 49- 60.

RHEINGOLD Howard, Les Communautés Virtuelles, Addison- Wesley France, Paris, 1995.

SAVY Michel, Transport et territoire, télécommunications et territoire : une lecture parallèle, Techniques Territoires et Sociétés, N°37, 2005, pages 43-49.

TEIXEIRA Manuela, L'émergence de réseaux sociaux sur le Web comme nouveaux outils de marketing, Thèse, Faculté des arts, Université d'Ottawa, mai 2009, 155 pages.

URRY John, Sociologie des mobilités- une nouvelle frontière pour la sociologie ?, Armand Colin, 2005, Paris, 253 p.

VONACH Laurent, les jeux vidéo en ligne : Enquête sur des espaces de sociabilité virtuelle, Techniques Territoires et Sociétés, N°37, 2005, pages 255-264.

WACHTER Serge, les formes et le flux : figures urbaines et architecturales de la mobilité, Ed Notes du CPVS, mars 2003, 67 pages.

Conférences : (conférences à regarder sur le site de la Cité des Sciences)

Joël de ROSNAY, « L'Internet du futur » (3 janvier 2010)

Joël de ROSNAY, « 2016 : Scénario du futur » (2008)

Joël de ROSNAY, « En 2030, vivrons nous en réseau » (2007)

Site internet :

http://www.cnil.fr/

http://www.insee.fr/fr/

http://cybergeo.revues.org/

http://fr.locita.com/

http://www.01net.com/

http://fing.org/

http://www.internetactu.net/

http://www.cairn.info/

http://www.erudit.org/revue/

http://www.cite-sciences.fr/

http://rework.neowebmag.com

http://www.adbs.fr

http://www.tech4i2.com/

http://www.dailymotion.com

http://geoconfluences.ens-lsh.fr/

Les ressources en géographie proposées par la DGESCO - (Direction générale de L'enseignement scolaire) et l'ENS LSH (École Normale Supérieure - Lettres Sciences Humaines) { Lyon - Ministère de la jeunesse, de l'éducation nationale et de la recherche.

http://www.bordeaux.fr

http://www.emilangues.education.fr/actualites/2010/conference-mobilite-europeenne-et-reseaux-sociaux

http://www.slideshare.net/Faerim/des-rseaux-sociaux-et-des-bibliothques

http://www.slideshare.net/adefretin/internet-rseaux-sociaux-mobilit-de-nouvelles-stratgies-en-oeuvre-dans-les-institutions-culturelles

http://www.centre-inffo.fr/blog/webmestre/?Conference-Mobilite-europeenne-et

http://fr.calameo.com/read/00000867273fca0ae6419

http://www.facebook.com/Semaine.de.la.mobilite.2010?v=wall

http://www.facebook.com/mobilitdurable#!/mobilitdurable?v=wall*Différents groupes sur le site facebook traitant de la mobilité, débat et conférence.*

http://www.intelligentzia.ch/present/OSSIR/170309/

http://www.jeunes.cnil.fr/fileadmin/documents/Jeunes/Reseaux_Sociaux.pdf

http://www.slate.fr/story/22039/geolocalisation-reseaux-sociaux-droit-oubli

http://www.formationsenligne.com/

http://www.degroupnews.com/

http://www.aecom.org/Vous-informer/Actualites-et-evenements/Reseaux-sociaux-l-analyse-par-la-cartographie-video

http://www.netpublic.fr/2011/01/innovation-appel-a-projet-fais-ta-ville-pour-organiser-des-evenements-creatifs-a-bordeaux-grace-aux-reseaux-sociaux/

http://www.debatpublic.net/category/evenements/

http://arostain.cluster010.ovh.net/contagiousness/?p=438

http://fing.org/?Mobilites-net-Villes-transports

http://arostain.cluster010.ovh.net/contagiousness/?p=27

http://vimeo.com/7042266

http://www.scoop.it/t/mobilite-geolocalisation

http://www.itespresso.fr/microsoft-explore-la-geolocalisation-collective-via-windows-phone-45211.html http://www.slideshare.net/philippefabry/mobilit-golocalisation-et-rseaux-sociaux-dans-le-tourisme

http://www.slideshare.net/philippefabry/mobilit-golocalisation-et-rseaux-sociaux-dans-le-tourisme

www.ingramcontent.com/pod-product-compliance
Lightning Source LLC
Chambersburg PA
CBHW021118210326
41598CB00017B/1495